U0321530

够味儿下酒菜

甘智荣 ◎主编

青岛出版社
QINGDAO PUBLISHING HOUSE

图书在版编目（ＣＩＰ）数据

够味儿下酒菜 / 甘智荣主编. —— 青岛：青岛出版社, 2017.3
ISBN 978-7-5552-5115-6

Ⅰ.①够… Ⅱ.①甘… Ⅲ.①菜谱 Ⅳ.①TS972.12

中国版本图书馆CIP数据核字(2017)第007643号

书　　名	够味儿下酒菜
主　　编	甘智荣
出版发行	青岛出版社
社　　址	青岛市海尔路182号（266061）
本社网址	http://www.qdpub.com
邮购电话	13335059110　　0532-68068026
图文制作	深圳市金版文化发展股份有限公司
策划编辑	周鸿媛
责任编辑	杨子涵　肖　雷
印　　刷	青岛乐喜力科技发展有限公司
出版日期	2017年5月第1版　2017年5月第1次印刷
开　　本	16开（710mm×1010mm）
印　　张	10
字　　数	100千
图　　数	513幅
印　　数	1-8000
书　　号	ISBN 978-7-5552-5115-6
定　　价	36.00元

编校印装质量、盗版监督服务电话：4006532017　0532-68068638
建议陈列类别：美食类　生活类

一杯美酒，一种生活

生活是一杯美酒，调以不同滋味，酿成幸福或伤悲。

酒乃尤物，多少人都无法抵抗这杯中之物的诱惑。

古有文人"举杯邀明月，对影成三人"，

今有高朋满座，谈天说地、把酒言欢。

当然，很多人悲伤的时候，也难免借酒消愁，

所谓酒不醉人人自醉，

尽管每个人沉醉的原因不尽相同，

但是，酒确实时常充当着重要的角色。

没有美食相伴的酒是寂寞的，也是没有活力的。

开心了，难过了；幸福了，愁闷了……

都可以温上一壶酒，配上两碟菜，细细品味苦涩后的回甘，

与你的城市一起舒服地微醺，抑或是放纵地沉醉。

第一章

＜一杯葡萄酒，沉醉浪漫＞

第二章

< 一瓶啤酒，豪爽干杯 >

第 三 章

< 一盏白酒，豪情万丈 >

第四章

< 一口清酒，与君微醉 >

第五章

〈 一杯烧酒，一解烦忧 〉

第六章

＜酒醉半酣，解酒美食＞

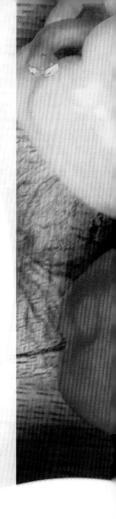

做菜之前

世界各国酒文化大揭秘

葡萄酒、白酒、啤酒、清酒、烧酒……这些我们耳熟能详的名字代表的不仅仅是酒品，更代表着一个国家的酒文化。品鉴这些酒，无形之中，我们正触动着这些国度的文化脉搏。今天，让我们一同去领略世界各国不同的酒文化。

1. 中国的白酒文化源远流长

中国制酒年代久远，品种繁多，名酒荟萃，享誉中外。黄酒是世界上最古老的酒类之一，约在三千多年前的商周时代，中国人独创酒曲复式发酵法，开始大量酿制黄酒。约一千年前的宋代，中国人发明了蒸馏法，成功酿制出白酒，从此，白酒成为中国人饮用的主要酒类。

2. 在德国，啤酒成饮料之王

提及啤酒，大部分的人会立即想到德国的慕尼黑啤酒节。由于德国地处北欧，气候严寒，啤酒不仅可以御寒，还和洋葱一样被当成药物，用来医治坏血病。再加上严寒的气候使当地不能种植葡萄，于是啤酒便成了德国的饮料之王。

黑啤是德国最有特色的啤酒，酒液为咖啡色或黑褐色，还有出众的美容功能。

3. 在日本，喝酒是工作的一部分

日本人把喝酒当成工作，每天下班，必到酒吧报到；做重大决定不在办公室里，而在"黄汤"下肚的酒吧里。同时谁要是升迁了，一定是要请喝酒的。酒吧成了日本男人的天堂，下班后都要尽情在里面享受够了，才醉醺醺地回家。

4. 在法国，饮酒是一种礼仪

在中国和日本有茶道，在法国则有酒道。法国人追求浪漫举世皆知，他们视饮红酒为人生之一大享受。品味一顿丰盛的法国大餐时必饮红酒，这已经不仅仅是"吃饭"而已，它还代表着一种礼仪、一种品味、一种浪漫及一种精致的享受。红酒就像爱情一样，需要人细细思量、细细体会，而且永远令人着迷。同时，因为吃法国菜耗时极长，也是观察一同进餐者的耐心及教养的最佳时机！

5. 在韩国，喝酒规矩多

不醉酒的酒文化，这是对韩国酒的理解。韩国的酒一般分为普通烧酒、高度烧酒、清酒、浊米酒、酒酿等。

饮酒的礼仪是韩国餐桌礼仪中的重要部分。韩国人喝酒，以给对方倒酒表示友谊和尊重。为别人斟酒，一定要用右手拿瓶，左手要扶着右手。用左手斟酒被认为是不礼貌的。接受者也要双手捧杯，以示谢意。

与中国人不断地为客人续酒的做法不同，韩国人喝酒不喜欢续酒，而喜欢喝完一杯再倒。晚辈与长辈喝酒时，晚辈要先为长辈倒酒，在长辈先喝酒后自己才能饮酒；饮酒时不能以正面对着长辈，并且要遮住嘴。

喝酒前吃什么不容易醉?

　　每逢节假日、红白喜事或亲朋小聚,喝酒就少不了。但是喝酒必须要适度,切不可喝醉,不然很伤身。想要预防喝醉,我们不妨从食物下手,多吃一些能够预防喝醉的食物。

面食:不要空腹饮酒,以防止酒精对胃的直接伤害。喝酒之前不妨吃点面包、蛋糕、馒头等主食,就不会那么容易喝醉了。

淡盐水:喝酒前可以喝一些淡盐水,淡盐水有利尿功能,可促进喝下的酒尽快排出去,从而缓解喝过多酒带来的不适症状。

高蛋白食物:如鸡蛋、肉类等。因为这些食物在胃中与酒精发生反应,能减少人体对酒精的吸收。

牛奶、酸奶:喝酒前不妨喝杯牛奶或者酸奶,这样能够帮助延长酒精在胃内的停留时间,从而减慢酒精进入血液的速度,还可以形成保护膜,达到养胃的效果,既能够延迟醉酒的时间还能减轻酒精伤害。

动物肝脏:喝酒之前吃适量的动物肝脏可使人不容易喝醉。这是因为动物肝脏中含有丰富的 B 族维生素,能够帮助保护肝脏,特别是猪肝,有助于促进酒精分解。

下酒菜烹饪小技巧

当家人聚会或有朋友聚餐时，总免不了要喝酒，喝酒则少不了下酒菜。那么，下酒菜烹饪需要讲究什么呢？

1. 要挑选一些薯类食材

食材上要挑选类似土豆、红薯等的薯类食物，这类食物中含有丰富的碳水化合物，能延缓肠胃对酒精的吸收，还能弥补人体因为喝酒过多而造成的维生素 B_1 的缺乏。

▲
一锅煮

2. 做些甜味的菜肴

酒的主要成分是乙醇，进入人体并在肝脏中分解转化后才能排出体外，这样就会加重肝脏的负担。所以做下酒菜时，应适当选择几款保肝食品。糖对肝脏具有保护作用，因此甜味菜肴是极好的下酒菜。

▲
番茄酱意大利饺

▲
醋香蔬菜

3. 下酒菜不能少了醋

醋能与酒里的乙醇发生化学反应，生成具有解酒作用的乙酸乙酯。所以，下酒菜里也不应少了醋。

▲
香煎豆腐

4. 做几款富含蛋白质的菜肴

酒水入肠，会影响人体的新陈代谢，易出现蛋白质缺乏。因此，下酒菜里应有含蛋白质丰富的食品，如松花蛋、家常豆腐、清炖鸡、烧排骨等。

5. 备几款碱性食品

鸡鸭鱼肉等多属酸性食品，为了保持体内的酸碱平衡，还应准备些碱性食品，如黄豆芽、菠菜等蔬菜，以及苹果、橘子等水果，直接吃或做成菜肴均可。

▲
黄豆芽汤

第一章 一杯葡萄酒，沉醉浪漫

葡萄酒一直以来都被大家视为象征爱情的酒。提起葡萄酒，自然而然便会联想起法国人的浪漫。葡萄酒给人的感觉是天然、高贵，令人沉醉。

喝葡萄酒，更要懂葡萄酒

葡萄酒的世界纷繁复杂，品种数量成千上万，还有着悠久的历史文化。

1. 什么是葡萄酒？

葡萄酒是将新鲜葡萄果实或葡萄汁经完全或部分发酵后获得的饮料，酒精度不低于7.0。1971年，一份欧洲共同体的官方文件对葡萄酒所下的定义是："葡萄酒是把压榨葡萄果粒所得的葡萄浆或葡萄汁，经充分或部分发酵后所得的一种含酒精的产品。"

2. 葡萄酒的起源

8000 年前	公元前 6000 年	公元前 3000-2000 年	公元前 1000 年	公元前 500 年	此后	中世纪
葡萄品种最早起源于美索不达米亚平原	埃及和腓尼基有人开始种植葡萄	葡萄种植和酿酒传入希腊	葡萄种植和酿酒传入意大利、西西里和北非	葡萄种植和酿酒传入西班牙、葡萄牙和法国南部	随着罗马帝国的扩张，葡萄种植和酿酒传入北欧和俄罗斯南部	法国修道士让葡萄酒酿造走向一个新的阶段

如何优雅地品味一杯葡萄酒

葡萄酒餐桌礼仪最早形成于西方，随着生活品质的提高，以往作为西方传统饮品的葡萄酒，越来越多地上到中国人的餐桌上。那么我们该如何欣赏和享用一杯葡萄酒呢？

1. 美食与美酒的搭配

红葡萄酒中所含的单宁可使肉类纤维软化，从而使口感更加细嫩。这里说的红肉指的是烹调后呈红褐色的肉，如牛肉、羊肉等。

干白葡萄酒有着新鲜优雅的果香和酒香，口感细腻、醇正、爽净，在吃各种海鲜如贝类、大虾、螃蟹等时，搭配干白葡萄酒更能突出菜肴的风味。

2. 握杯姿势

细微之处的小动作最能体现一个人的修养。正确的握杯方式应该是用拇指、食指和中指夹住高脚杯杯柱。夹住杯柱便于透过杯壁欣赏酒的色泽，便于摇晃酒杯去释放酒香。如果握住杯壁，手指就挡住了视线，也无法摇晃酒杯。其次，饮用葡萄酒讲究一定的适饮温度，如果用手指握住杯壁，手的温度度会改变酒的温度，影响葡萄酒的口感。

口味：酸香　时间：8分钟　难易度：★☆☆

01
菜单

醋烤番茄 & 布里乳酪

准备材料

小番茄·················150 克

布里乳酪·····················1 块

准备调料

巴萨米克醋·········15 毫升

橄榄油·····················15 毫升

制作步骤

1. 将小番茄洗净，用刀在小番茄上切割至 1/2 的深度。

2. 将处理好的小番茄放入洗净的碗中，倒入巴萨米克醋、橄榄油，搅拌均匀。

3. 将小番茄静置 10 分钟至充分入味。

4. 将入味的小番茄放入烤箱，以上下火 200℃烤 12 分钟。

5. 取出冷藏的布里乳酪，切成便于食用的小块。

6. 取出烤好的小番茄，与乳酪块一起放入碗中即可。

菜品特点

　　小番茄融合了橄榄油的清香和巴萨米克醋特殊的酸味，再搭配上香浓润滑的布里乳酪以及红葡萄酒，别具风味。

鸡蛋盅

准备材料

鸡蛋·····················3 个

胡萝卜·················100 克

洋葱·····················80 克

牛奶·····················20 毫升

罗勒叶·················5 克

准备调料

盐·························2 克

胡椒粉·················3 克

制作步骤

1. 锅中注水烧开，放入洗净的鸡蛋，撒入少许盐，将鸡蛋煮熟，取出剥去鸡蛋壳。

2. 将去壳的鸡蛋对半切开；将罗勒叶洗净，切碎备用。

3. 取出鸡蛋黄，放入备好的玻璃碗中，用勺子压碎；蛋白放在一边备用。

4. 将胡萝卜洗净，去皮，擦成细丝，再切碎；洋葱洗净，切碎。将胡萝卜碎、洋葱碎放入压碎的蛋黄中，拌匀。

5. 再倒入少许牛奶，搅拌均匀。

6. 放入盐、胡椒粉，搅拌均匀，即成蛋黄馅。

7. 将蛋黄馅放置片刻至入味。

8. 将蛋黄馅依次塞入蛋白中，再撒上罗勒叶碎即可。

温馨叮咛 　切鸡蛋之前先把刀放到热水中浸泡一下，这样切的时候才不会粘刀。

口味：咸鲜　时间：15 分钟　难易度：★★☆

黑胡椒牛肉片

准备材料

牛里脊肉·················200 克

粉丝·····················30 克

芹菜梗··················20 克

洋葱·····················20 克

红椒、蒜瓣·········各 10 克

准备调料

盐·························3 克

黑胡椒碎···············5 克

蚝油·····················5 克

酱油·····················5 毫升

橄榄油··················30 毫升

制作步骤

1. 将备好的牛里脊肉切成薄片，芹菜梗切成细丝，洋葱切丝，备用。

2. 将牛里脊肉片放入碗中，调入少许盐、胡椒碎，拌匀，腌渍片刻。

3. 锅中注水烧开，放入粉丝煮至熟软，捞出沥干。

4. 锅中注油烧热，放入粉丝炒匀。

5. 再放入大蒜瓣、芹菜、洋葱丝炒匀。

6. 调入蚝油、酱油、盐。

7. 翻炒至食材熟透，盛出。

8. 锅中注油烧热，放入腌渍好的牛肉片煎熟，撒入少许盐、红椒丝炒匀，盛入盘中，再放上炒好的芹菜粉丝即可。

 温馨叮咛

1. 粉丝的烹煮时间不宜太长，太长了粉丝会失去韧性。
2. 鲜嫩的牛肉伴着微辣的黑胡椒，搭配香醇的红酒，味道刚刚好。

口味：咸香　时间：20分钟　难易度：★★☆

松子煎牛排

准备材料

牛里脊肉·············300 克

松子仁·············25 克

蒜末·············8 克

准备调料

盐·············3 克

白糖·············2 克

酱油·············5 毫升

胡椒粉·············3 克

清酒·············2 毫升

橄榄油·············20 毫升

制作步骤

1. 将牛里脊肉切成均匀的 2 大块。

2. 将牛肉块放入凉水中浸泡。

3. 捞出牛肉块沥干，打上网格花刀。

4. 将松子仁切碎，备用。

5. 将牛肉块放入碗中，调入少许酱油、盐、白糖、清酒搅拌均匀。

6. 再放入胡椒粉、蒜末、橄榄油，腌渍入味。

7. 锅中注油烧热，放入牛肉块煎片刻。

8. 翻面，继续煎一会儿至牛肉呈微黄色，取出，撒上切碎的松子仁即可。

 温馨叮咛　　在煎牛排之前腌牛肉最好腌久一些，让调料充分入味，这样肉质会更加柔嫩，这道菜与红酒搭配食用，不仅能中和牛肉的油腻感，还使牛肉多了些清新的水果香。

口味：咸香　时间：25分钟　难易度：★★☆

烤肋排 & 洋葱酱

1   2   3   4

5   6   7   8

准备材料

猪肋排·······················350 克

大蒜···························1 个

蒜瓣···························10 克

洋葱···························80 克

圣女果·······················150 克

小葱···························2 根

香菜···························15 克

红酒···························20 毫升

准备调料

盐·····························2 克

番茄酱·························15 克

黑胡椒碎·······················3 克

蚝油···························5 克

巴萨米克醋···················10 毫升

橄榄油·······················10 毫升

制作步骤

1. 猪肋排洗净，砍成小段；小葱择洗净，打成葱结；香菜择洗净，切碎；圣女果洗净，取部分切碎；洋葱切碎。

2. 锅中注水烧开，放入葱结、蒜瓣、肋骨段煮片刻，撒入少许盐，拌匀后捞出。

3. 猪肋骨段放入盘中，淋上红酒，撒上黑胡椒碎，抹上蚝油。

4. 再淋上少许的橄榄油腌渍片刻，待用。

5. 剩余圣女果用刀纵切至距蒂 1/2 处，加巴萨米克醋拌匀；大蒜于 1/3 处横切开。

6. 将处理好的猪肋骨、圣女果、大蒜放入烤盘中，再放入烤箱中层，开上下火 200℃，烤 20 分钟。

7. 将洋葱碎、香菜碎、圣女果碎、番茄酱一同放入碗中，撒入少许盐。

8. 搅拌均匀后捣碎，即成洋葱酱。取出烤好的食材，蘸上洋葱酱食用即可。

口味：咸香　时间：8分钟　难易度：★☆☆

火腿菜蔬卷

准备材料

烟熏火腿片·············6 片

红彩椒·················80 克

黄彩椒·················80 克

青柿子椒···············80 克

准备调料

盐····················3 克

橄榄油················20 毫升

制作步骤

1. 将烟熏火腿片切成合适大小的长方形片。

2. 将青柿子椒洗净，去蒂、籽，切成长条。

3. 将红彩椒、黄彩椒分别去蒂、籽，切成长条。

4. 锅中注油烧热，放入三种椒煎片刻，撒上盐，拌匀后盛出。

5. 锅中注油烧热，再放入火腿片，煎片刻后盛出。

6. 在火腿片中包入煎好的椒条，卷成卷即可。

温馨
叮咛

用盐腌的火腿肉比较咸，因此吃的时候要切成薄片。火腿卷入彩椒和青椒，以其多汁清甜来平衡火腿的咸味，再搭配上具有水果味道且微酸的红酒，更能充分体现肉质的甜美柔嫩。

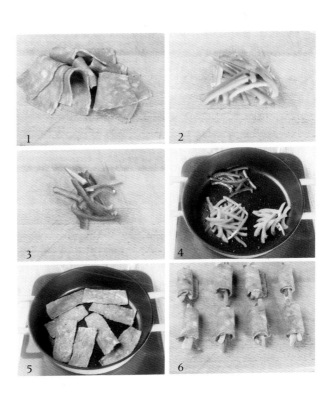

口味：咸香　　时间：8分钟　　难易度：★☆☆

芦笋培根卷

准备材料

芦笋····················5 根

培根····················5 片

准备调料

盐······················2 克

胡椒粉·················5 克

蚝油····················5 克

橄榄油·················20 毫升

制作步骤

1. 将芦笋洗净，切成小段。

2. 将培根切成比芦笋略窄的长条。

3. 将切好的培根卷在芦笋上，用牙签固定。

4. 锅中注油烧热，放入卷好的芦笋培根卷，煎至表面微黄。

5. 调入少许盐，放入胡椒粉，煎片刻。

6. 调入蚝油，煎至食材熟透即可。

菜品特点

口味清爽的芦笋是酒会上十分受欢迎的开胃菜之一，清爽的芦笋配上重口的培根，浓淡适宜，最适合配红酒食用。

口味：咸香　时间：20 分钟　难易度：★ ☆ ☆

洋葱肉酱贝壳面

准备材料

五花肉	100 克
培根	80 克
西红柿	50 克
贝壳面	30 克
芝士片	1 片
口蘑	30 克
甜椒	30 克
洋葱	30 克
蒜末	10 克
芝士碎	20 克
醋浸刺山柑蕾	15 克

准备调料

盐	3 克
黑胡椒碎	3 克
番茄酱	30 克
橄榄油	15 毫升

制作步骤

1. 将培根、五花肉、西红柿、口蘑、甜椒、洋葱均洗净切末。

2. 锅中注水烧开，放入贝壳面，煮至熟后捞出，过凉水，备用。

3. 锅中注油烧热，先下肉末和蒜末煸炒，再放培根、洋葱、西红柿煸炒，倒入番茄酱，小火焖煮 10 分钟，加入口蘑、甜椒翻炒，加入芝士片炒至化开，放入盐、黑胡椒碎，盛出。

4. 贝壳面摆入盘中，塞入炒好的肉酱，撒上芝士碎，点缀醋浸刺山柑蕾即可。

口味：咸香　时间：20分钟　难易度：★☆☆

三文鱼甜菜开胃菜

准备材料

三文鱼肉·············100 克

饼干·····················6 块

甜菜根·················100 克

洋葱·····················30 克

醋浸刺山柑蕾·······少许

准备调料

盐·························2 克

橄榄油················15 毫升

在白葡萄酒的选择上需注意，要挑选酸度较高的白葡萄酒，这样更能衬托出鱼肉的鲜美。

制作步骤

1. 将三文鱼片成 3 毫米厚的薄片，抹上橄榄油，撒盐，拌匀，放入冰箱中冷藏 15 分钟。

2. 洋葱洗净，剥去表皮，切成细丝；甜菜根清洗干净，切成细条状。

3. 将饼干并排摆放在盘中，摆上甜菜根丝。

4. 将三文鱼片折出纹路，放在甜菜根上。

5. 撒上洋葱条，点缀上醋浸刺山柑蕾即可。

口味：咸香　时间：12分钟　难易度：★★☆

彩蔬烤三文鱼串

准备材料

三文鱼肉·············· 150 克

乳酪·············· 1 大块

红彩椒·············· 80 克

黄彩椒·············· 80 克

罗勒叶·············· 5 克

准备调料

盐·············· 2 克

胡椒粉·············· 5 克

橄榄油·············· 30 毫升

制作步骤

1. 将三文鱼肉洗净，沥干，切成小方块。

2. 将红彩椒、黄彩椒均切成小方块；罗勒叶切碎。

3. 将三文鱼块放入碗中，调入少许盐、胡椒粉腌渍片刻至入味。

4. 锅中注油烧热，放入彩椒块，撒上少许盐，稍煎片刻，盛出。

5. 锅洗净擦干，注油烧热，放入腌渍好的三文鱼块，煎至八分熟。

6. 鱼块上面撒上切好的罗勒叶碎，盛出。

7. 将乳酪切成三文鱼大小的方块。

8. 将三文鱼、彩椒、奶酪用竹扦串起来即可。

 温馨叮咛　　本菜搭配葡萄酒饮用能去除三文鱼的油腻感，但是选择葡萄酒的时候要选择带花香、果香的，否则容易影响鱼肉的口感。

口味：咸香　时间：25分钟　难易度：★★★

蔬菜金枪鱼球

准备材料

金枪鱼罐头 ·············· 1 罐

洋葱 ···················· 100 克

胡萝卜 ·················· 100 克

芹菜梗 ·················· 50 克

面粉 ···················· 20 克

红薯粉 ·················· 20 克

准备调料

盐 ······················ 3 克

橄榄油 ················· 30 毫升

制作步骤

1. 从罐头中取出金枪鱼，沥干油汁。

2. 将胡萝卜去皮，洗净后切碎。

3. 将芹菜梗洗净，切碎；洋葱洗净，切碎。

4. 锅中注油烧热，放入芹菜碎、胡萝卜碎、洋葱碎，调入少许盐，炒匀。

5. 将炒好的食材装入碗中，放入金枪鱼拌匀。

6. 调入少许盐搅拌匀，再放入面粉、红薯粉，搅拌均匀。

7. 将拌好的食材捏成一个一个小团子。

8. 将小团子放入烤盘，再放入烤箱，以上火 200℃、下火 200℃烤 20 分钟即可。

温馨叮咛

　　1.金枪鱼罐头的油汁要沥干，以免做好的金枪鱼球烤制后裂开。
　　2.白葡萄酒能消除金枪鱼肉的腥味，给鱼肉带来一股淡淡的果香，并使其口感更加滑嫩，提升菜和酒的余韵。

口味：鲜香　时间：12分钟　难易度：★☆☆

脆炸鲜虾

准备材料

鲜虾·····················200 克

红薯粉······················20 克

鸡蛋···························2 个

面包糠······················50 克

准备调料

盐····························3 克

胡椒粉·······················5 克

食用油······················适量

制作步骤

1. 将鲜虾去除虾线，剥去壳，洗净后沥干，备用。

2. 虾仁中调入盐、胡椒粉拌匀。

3. 将鸡蛋打入碗中，搅散。

4. 在装有虾仁的碗中放入红薯粉、少许鸡蛋液，拌匀。

5. 再将虾仁依次滚上面包糠，放入盘中。

6. 锅中注油烧热，放入处理好的虾仁，炸熟即可。

油炸过后的鲜虾外酥里嫩，味道香脆可口，是一道很好的下酒菜。本菜最适宜搭配清新微酸、酒体轻盈的白葡萄酒，不仅不会夺走虾的鲜味，还可以使炸虾吃起来不显得油腻。

口味：清鲜　时间：15 分钟　难易度：★☆☆

酒醋缤纷沙拉

准备材料

墨鱼·················150 克

鲜虾·················5 只

蛤蜊·················100 克

圣女果···············4 个

芹菜梗···············20 克

黄彩椒···············20 克

准备调料

盐·····················2 克

柠檬汁···············10 毫升

橄榄油···············10 毫升

制作步骤

1. 将圣女果洗净；黄彩椒洗净，切丝；芹菜梗洗净，切丝。

2. 墨鱼处理好，切成条；鲜虾去虾线，剥去壳，洗净，备用。

3. 锅中注水烧热，放入洗净的蛤蜊，拌匀。

4. 再放入墨鱼条、虾仁，拌匀。

5. 撒入少许盐拌匀，待食材煮熟后捞出。

6. 取适量煮海鲜的水，加入橄榄油、柠檬汁拌匀。

7. 将煮好的海鲜倒入碗中，再放入芹菜、彩椒、圣女果。

8. 淋上调好的汁水，拌匀即可。

 温馨叮咛　　贝类除了生蚝的肉质比较软外，其他如蛤蜊、扇贝等的肉质都比较硬，建议采用酸度高的白葡萄酒搭配，能更好地帮助消化。

焗烤蔬菜翡翠贻贝

准备材料

贻贝⋯⋯⋯⋯⋯⋯⋯6个

黄彩椒⋯⋯⋯⋯⋯⋯30克

红彩椒⋯⋯⋯⋯⋯⋯30克

青柿子椒⋯⋯⋯⋯⋯20克

奶酪片⋯⋯⋯⋯⋯⋯1张

大蒜⋯⋯⋯⋯⋯⋯⋯20克

准备调料

盐⋯⋯⋯⋯⋯⋯⋯⋯8克

香菜粉⋯⋯⋯⋯⋯⋯3克

柠檬汁⋯⋯⋯⋯⋯20毫升

温馨叮咛

　　口味鲜香的贻贝配上彩椒，只是看一看就令人食欲大开，再加上柠檬汁及奶酪焗烤，将贻贝肉的鲜味充分激发，冲淡了白葡萄酒的涩味，妙不可言。

制作步骤

1. 备好一盆清水，放入少许盐，拌匀后放入贻贝浸泡。

2. 待贻贝吐尽泥沙后捞出，刷洗净，冲水后沥干，备用。

3. 将两种彩椒和青柿子椒洗净，分别切成碎末，备用。

4. 将奶酪片切成小丁。

5. 将处理好的贻贝放入碗中，再放入彩椒碎、青柿子椒碎、奶酪丁，撒入少许盐，淋上柠檬汁。

6. 将调好味道的贻贝放入烤盘，再放入烤箱中层，以150℃烤约8分钟，取出撒上香菜粉即可。

口味：咸香　时间：18分钟　难易度：★★☆

焗烤口蘑鱼卵

准备材料

口蘑·····················8 个

鱼子酱·················30 克

片状奶酪···············3 片

罗勒叶·················8 克

准备调料

盐························2 克

胡椒粉··················2 克

食用油··············20 毫升

制作步骤

1. 口蘑洗净，去柄。

2. 片状奶酪切成小块，备用。

3. 将口蘑撒上盐、胡椒粉，抹上食用油，待用。

4. 将切好的奶酪块放入口蘑中，塞满。

5. 将口蘑放入烤箱，以上火 200℃、下火 200℃烤 15 分钟至奶酪软化铺匀，取出。

6. 将鱼子酱放到烤好的口蘑上，再点缀上罗勒叶即可。

温馨叮咛

　　口蘑的口感有点像肉类，因此选择一款带有乳脂般质感的干白葡萄酒会更加相配。

第二章

一瓶啤酒，豪爽干杯

不管你是吃韩式烤肉、炸鸡，还是简单并且接地气的炒田螺，抑或是各种各样的串串，啤酒都是绝好的搭档。煎、烤、炸、拌等各种烹饪方式做出的美食，都能与冰爽的啤酒激烈碰撞出火花,让人欲罢不能,妙哉！

啤酒王国的"世界杯"

若问啤酒的灵魂伴侣是什么？答案非世界杯莫属！也许每一位球友对"为什么看足球赛要喝啤酒"的回答不尽相同，可是，何必要深究呢？这种由大麦酿造出来的饮品就是能让观看足球赛的球迷们欲罢不能。下面我们来看看啤酒王国里面的"世界杯"。

荷兰	丹麦	乌拉圭	美国	中国	日本
喜力啤酒。荷兰喜力啤酒公司始建于1873年，所出产的啤酒风靡全球。	嘉士伯啤酒。酒质澄清甘醇，其生产公司是仅次于荷兰喜力啤酒公司的啤酒生产商。	比尔森啤酒。这款啤酒比葡萄酒还要受欢迎，是乌拉圭最受欢迎的饮品。	百威啤酒。这款啤酒是南美销量最大的啤酒之一。	青岛啤酒。据全球啤酒行业权威报告显示，青岛啤酒产量排名世界第六。	朝日啤酒。这款被誉为"日本第一"的生啤，在世界范围内具有广泛的影响力。

英国	意大利	法国	阿根廷	德国	韩国
加宁啤酒。这款啤酒属于窖藏啤酒，酒精度为4%。	佩农尼啤酒。这款啤酒在意大利是最受欢迎的啤酒之一。	凯旋啤酒。酒精度为5.9%，现隶属于世界第四大啤酒制造商嘉士伯。	基尔梅斯啤酒。其生产商是阿根廷国家队的赞助商。	克鲁巴赫啤酒。自1803年开始，这款啤酒就是德国人最喜爱的啤酒之一。	海特啤酒。这款啤酒以『凉爽和香醇』作为卖点。

啤酒配餐指导

啤酒可以搭配多种多样的美味菜肴，这是因为它的风味非常复杂多样，口感清新鲜美，可以与各种食物的滋味交相融合。

 **奶酪、三明治和披萨：** 啤酒中的碳酸可以化解奶酪的油腻口感，那些带有奶酪的三明治和披萨都可以搭配啤酒。

推荐搭配的啤酒品种： 所有啤酒。不过对于味道较浓郁的奶酪来说，如山羊乳奶酪和蓝奶酪，最好选一款深色淡啤或者麦啤与之搭配。

 **鸡肉、海鲜和意大利面：** 这些食物的味道都不是很浓郁，因此它们适合搭配风味偏淡的啤酒。

推荐搭配的啤酒品种： 比利时金色麦啤、德国小麦啤酒和美国小麦啤酒都比较适宜。

 **炸薯条和其他油炸食品：** 比利时的炸薯条堪称世界之最，而且该国炸薯条人均消费量名列世界第一。炸薯条和啤酒是天然的好搭档。

推荐搭配的啤酒品种： 德国低度淡啤、德国三月假日啤酒、德国十月啤酒、比利时金色麦啤以及比利时淡味啤酒。

 **牛排：** 牛排和赤霞珠葡萄酒是非常经典的搭配。另外，一些颜色较深、风味较浓的啤酒如棕色麦啤和黑啤也十分适合搭配牛排。

推荐搭配的啤酒品种： 比利时淡啤、棕色或琥珀色麦啤以及黑啤等。

 **辛辣菜肴：** 泰国菜、四川菜和墨西哥菜都适合搭配低度淡啤。啤酒花可以减轻食物的辣味，所以啤酒花含量高的啤酒都适合搭配辛辣的菜肴。

推荐搭配的啤酒品种： 低度淡啤和印度麦啤等。

口味：酸香　时间：10分钟　难易度：★☆☆

醋香蔬菜

准备材料

茄子·····················100 克

西葫芦·················120 克

黄彩椒···················50 克

红彩椒···················50 克

迷迭香·····················5 克

准备调料

盐·····························2 克

醋·····················15 毫升

橄榄油·················30 毫升

制作步骤

1. 将茄子洗净，切成圆片；西葫芦洗净，切成圆片。

2. 将红彩椒、黄彩椒分别洗净，切成菱形片。

3. 将切好的食材放入碗中，调入少许盐，搅拌均匀。

4. 玻璃碗中倒入醋和少许橄榄油，制成油醋汁。

5. 锅中注油烧热，放入处理好的食材，煎至断生。

6. 盛出煎好的食材，放入碗中，淋上油醋汁拌匀，点缀上迷迭香即可。

温馨
叮咛

　　将颜色丰富的蔬菜制作成小凉菜，不仅更好地保留了营养物质，而且还保持了食物的原味，缤纷的色彩更使人胃口大开。这样清爽的蔬菜，当然少不了清爽的淡啤酒来搭配了。

洋葱圈

准备材料

白洋葱 ····················· 1 个

鸡蛋 ·························· 2 个

面粉 ·························· 100 克

面包糠 ······················ 80 克

准备调料

盐 ···························· 2 克

胡椒粉 ······················ 3 克

咖喱粉 ······················ 5 克

食用油 ······················ 适量

制作步骤

1. 将白洋葱对半横切开，其中一半切成厚圈，再一层一层剥开。

2. 将鸡蛋打入碗中，搅散，放入盐拌匀。

3. 再放入少许胡椒粉，搅拌均匀备用。

4. 取适量的面包糠放入碗中，再放入咖喱粉，搅拌均匀。

5. 将洋葱圈裹上面粉。

6. 裹上一层拌匀的蛋液。

7. 再裹上一层咖喱面包糠。将以上步骤重复一遍。

8. 锅中注油烧热，放入裹好的洋葱圈，炸至金黄即可。

温馨叮咛

啤酒搭配经典的洋葱圈，是不能错过的美味。洋葱经过油炸后辛辣味减弱，啤酒除了可以帮助消除洋葱圈油炸后的腻口感，还能使其保持爽脆的口感。

口味：咸　时间：8分钟　难易度：★☆☆

香煎莲藕片

准备材料

莲藕·····················150 克

灯笼泡椒······················1 个

准备调料

盐·······················2 克

食用油·················30 毫升

制作步骤

1. 将莲藕去皮，洗净后切成相同大小的圆片。

2. 将切好的莲藕片放入碗中，倒入清水。

3. 再调入少许盐，浸泡片刻，捞出沥干，备用。

4. 锅中注油烧热，放入泡好的莲藕片，煎至底部微黄。

5. 撒上少许盐，将莲藕翻面。

6. 续煎至两面微黄，盛入盘中，点缀上灯笼泡椒即可。

温馨
叮咛

　　单独吃盐煎莲藕可能会觉得口味清淡，可以配上味道浓郁的啤酒，既可丰富莲藕的口感，又能缓和啤酒的厚重，一举两得。

口味：咸辣　时间：25分钟　难易度：★★☆

菜单

香烤五花肉

准备材料

五花肉··················200 克

朝天椒····················20 克

姜末··························5 克

蒜末··························8 克

准备调料

盐、胡椒粉·········各 2 克

料酒····················8 毫升

生抽····················3 毫升

白糖··························3 克

辣椒粉······················5 克

制作步骤

1. 将五花肉洗净，切成厚 1 厘米左右的片。

2. 将朝天椒洗净，擦干，切成圈。

3. 将五花肉片放入碗中，加入蒜末、姜末和朝天椒圈，拌匀。

4. 再放入少许盐，搅拌均匀。

5. 调入料酒、生抽、白糖，搅拌均匀。

6. 最后放入胡椒粉，拌匀后盖上保鲜膜腌渍片刻。

7. 将腌好的肉片放入烤盘，再放入烤箱中层，以上火 180℃、下火 180℃烤 15 分钟。

8. 取出烤盘，撒上少许辣椒粉，再放回烤箱中烤片刻即可。

皮酥、肉嫩、微辣、美味多汁的五花肉适合搭配口味浓厚的啤酒，啤酒的厚重可以衬托出烤肉的鲜嫩，盖过五花肉的腻口感。

口味：咸鲜　时间：20分钟　难易度：★★☆

椒盐里脊条

准备材料

猪里脊肉·············250 克

鸡蛋·····················2 个

面粉·····················少许

香菜······················10 克

准备调料

盐··························2 克

胡椒粉···················3 克

鸡粉······················2 克

花椒盐···················3 克

食用油····················适量

制作步骤

1. 将猪里脊肉洗净，切成粗条；鸡蛋打入碗中，搅散；香菜洗净，切碎。

2. 将里脊肉条放入碗中，放入盐、胡椒粉。

3. 再撒上鸡粉，搅拌均匀，腌渍片刻。

4. 将面粉装入碗中，倒入适量鸡蛋液，搅匀成蛋面糊。

5. 将腌渍好的里脊肉条放入蛋面糊中，挂糊。

6. 锅中注油烧热，放入里脊肉条炸至定型，捞出，再放入回油锅中复炸一遍，至焦脆。

7. 捞出炸好的里脊肉条，放入碗中，均匀撒上花椒盐。

8. 再撒上香菜碎即可。

温馨
叮咛

气泡翻腾的啤酒就着喷香的里脊条，真是口口香浓。但是需要注意的是尽量选择顺口味醇、带有核果味的啤酒，更能匹配里脊的口感。

口味：香辣　时间：20分钟　难易度：★★★

盐酥鸡

准备材料

鸡腿·······················3 个

鸡蛋·······················1 个

罗勒叶····················8 克

淀粉·······················80 克

准备调料

盐··························2 克

蚝油·······················3 克

料酒·······················3 毫升

咖喱粉····················3 克

胡椒粉····················5 克

辣椒粉····················8 克

食用油····················适量

制作步骤

1. 将鸡腿洗净，拆骨取肉，切成小块，备用。

2. 将鸡蛋打入碗中，搅散备用。

3. 将切好的鸡肉放入碗中，调入蚝油、料酒、盐，搅拌均匀，腌渍片刻。

4. 将鸡蛋液倒入腌渍好的鸡肉中，拌匀。

5. 将鸡肉裹上一层淀粉，待用。

6. 锅中注油烧热，放入鸡肉块，炸约 2 分钟，至表面呈金黄色时捞出沥油，备用。

7. 锅中留油烧热，放入洗净的罗勒叶，煎片刻，再放入鸡肉块，翻炒均匀。

8. 调入辣椒粉、咖喱粉、胡椒粉，拌炒均匀即可。

 温馨叮咛　　鸡块咸香酥脆，特别适合配啤酒，而啤酒可以使鸡肉更加鲜嫩。

口味：香辣　时间：18分钟　难易度：★★☆

双椒孜然烤鸡肉

准备材料

鸡胸肉·······················200克

黄彩椒······························1个

红彩椒······························1个

青柿子椒···························1个

准备调料

盐·····································2克

胡椒粉······························5克

烧烤酱······························5克

孜然粉······························6克

辣椒面······························8克

食用油····························15毫升

制作步骤

1. 将鸡胸肉洗净，切成小块。

2. 将黄彩椒、红彩椒、青柿子椒分别切成鸡胸肉大小的块。

3. 将切好的食材一起放入玻璃碗中，撒上少许盐。

4. 再放入胡椒粉、烧烤酱、食用油搅拌均匀，静置入味。

5. 将腌好的食材用竹扦串好，放在烤架上，撒上辣椒面。

6. 将烤架放入烤箱，以上火200℃、下火200℃烤15分钟，取出，撒上孜然粉即可。

温馨叮咛

　　鸡肉易熟，做成烤串也是极受欢迎的下酒菜之一。鸡肉的香味中融合了辣椒的辣味，再来点啤酒，简直就是绝配。

口味：香辣　时间：20 分钟　难易度：★ ★ ☆

韩式炸鸡

准备材料

鸡腿·······························3 个

淀粉·······························50 克

蒜末·······························10 克

准备调料

盐···································4 克

白糖·······························2 克

韩式辣酱··························5 克

番茄酱····························20 克

蚝油·······························5 克

食用油····························适量

料酒、生抽········各 3 毫升

温馨叮咛

　　鸡肉炸两遍，第一遍是为了炸熟，第二遍是为了让鸡肉外焦里嫩。

制作步骤

1. 鸡腿洗净，拆骨后取肉，切成小块。

2. 将鸡肉块放入碗中，加入蒜末、盐、白糖、料酒、生抽拌匀，腌制入味，再裹上淀粉。

3. 将韩式辣酱、番茄酱、蚝油放入锅中，小火煮至冒泡儿，关火，晾凉。

4. 取炒锅放入油，烧至冒小泡，将鸡块逐一放入，炸至定型后捞出。

5. 将锅中的油再次烧热，倒入炸过一次的鸡块，复炸至表皮金黄色，捞出。

6. 将炸好的鸡块放入熬好的酱汁中拌匀即可。

爆炒田螺

准备材料

田螺·······················250 克
花椒、香菜·······各 15 克
姜末、蒜··············各 10 克
干辣椒圈·······················8 克

准备调料

盐·······························2 克
酱油·························4 毫升
料酒·························3 毫升
豆瓣酱·······················5 克
食用油·····················30 毫升

田螺肉丰腴细腻，与清爽的啤酒结合，给你别样滋味。中秋前后的田螺最为肥美。

制作步骤

1. 将田螺放入清水中，加入几滴食用油使其吐沙，捞出，用钳子夹掉尾部。

2. 锅中注水烧开，放入花椒、料酒、田螺，汆水后捞出。

3. 锅中注油烧热，放入姜末、蒜末、干辣椒圈爆香，放入田螺，炒香。

4. 加盐、酱油、豆瓣酱，大火炒匀，加入少许清水，煮至收汁，装入盘中，点缀上香菜即可。

口味：鲜辣　时间：20分钟　难易度：★★☆

香煎秋刀鱼

准备材料

秋刀鱼⋯⋯⋯⋯⋯⋯3 条

柠檬⋯⋯⋯⋯⋯⋯⋯1 个

罗勒叶⋯⋯⋯⋯⋯⋯5 克

准备调料

盐⋯⋯⋯⋯⋯⋯⋯⋯2 克

辣椒粉⋯⋯⋯⋯⋯⋯5 克

孜然粉⋯⋯⋯⋯⋯⋯5 克

食用油⋯⋯⋯⋯30 毫升

蚝油⋯⋯⋯⋯⋯⋯⋯5 克

制作步骤

1. 秋刀鱼处理好，洗净，在鱼身上斜切几刀；柠檬对半切开。

2. 将切好的秋刀鱼放入盘中，撒上盐、胡椒粉，腌渍片刻。

3. 锅中注油烧热，放入腌渍好的秋刀鱼，煎至底部微黄，翻面。

4. 加入蚝油，挤入柠檬汁。

5. 撒上辣椒粉、孜然粉。

6. 煎熟后，装入盘中即可。

温馨叮咛

　　香煎秋刀鱼是啤酒好搭档，但是在选择啤酒的时候要注意尽量选清爽口味的，这样的啤酒才能更好地消除鱼类的腥味。

口味：咸香　时间：15分钟　难易度：★☆☆

菜单

11
菜单

鲜虾圣女果烤串

准备材料

鲜虾·························· 8 个

圣女果····················· 150 克

柠檬························· 半个

准备调料

盐··························· 2 克

黑胡椒粉··················· 3 克

橄榄油····················· 20 毫升

制作步骤

1. 将鲜虾洗净，去除虾线，取虾仁，放入碗中，加入少许盐、黑胡椒粉，腌渍片刻。

2. 圣女果洗净，对半切开，备用。

3. 用竹扦将虾仁和圣女果串起来。

4. 将串好的烤串放到烤架上，放入烤箱。

5. 刷上橄榄油，以上火 150℃、下火 150℃烤 10 分钟。

6. 取出后在烤串上挤上少许柠檬汁即可。

温馨叮咛

　　在取虾仁的时候，最好能留下虾尾，这样烤出来的虾造型更好看。

　　鲜嫩的虾肉混合了啤酒的麦芽香之后，香气扑鼻，爽口异常。

口味：香辣　时间：15分钟　难易度：★★☆

椒盐大虾

准备材料

鲜虾⋯⋯⋯⋯⋯⋯10只

蒜末⋯⋯⋯⋯⋯⋯少许

淀粉⋯⋯⋯⋯⋯⋯50克

花椒⋯⋯⋯⋯⋯⋯10克

准备调料

椒盐⋯⋯⋯⋯⋯⋯2克

料酒⋯⋯⋯⋯⋯⋯少许

白胡椒粉⋯⋯⋯⋯少许

辣椒粉⋯⋯⋯⋯⋯3克

食用油⋯⋯⋯⋯⋯适量

温馨叮咛

　　虾肉肉质鲜嫩，比较适合搭配轻柔的小麦啤酒，它会让虾肉的厚实感凸显出来，让你吃的每一口都成为无上美味。

制作步骤

1. 将鲜虾开背，去除虾线，洗净后擦干，加入椒盐、料酒腌渍，再裹上一层淀粉。

2. 锅中注油烧热，放入处理好的虾，炸至变色后捞出。

3. 锅中留油烧热，放入蒜末、花椒炸香，再倒入炸好的虾，炒匀。

4. 调入椒盐、白胡椒粉、辣椒粉，炒匀即可。

口味：鲜香　时间：10分钟　难易度：★ ☆ ☆

腰果炒小鱼干

准备材料

腰果·····················150 克

小鱼干·················150 克

葡萄干·················50 克

白芝麻·················15 克

准备调料

盐························2 克

食用油·················25 毫升

温馨叮咛

　　将小鱼干简单泡发，加油爆炒，再放点腰果和葡萄干，和清香的啤酒最搭配了。

制作步骤

1. 将小鱼干放入温开水中浸泡片刻，捞出沥干。

2. 锅中注油烧热，放入小鱼干，翻炒至水分收干。

3. 放入腰果、葡萄干炒匀。

4. 调入少许盐、白芝麻，炒至香味浓郁即可。

第三章

一盏白酒，豪情万丈

白酒是中国特有的一种蒸馏酒。相比于啤酒的淡黄多沫，白酒则是透明清冽。白酒伴随了中国人一生的成长，小孩出生、金榜题名、婚丧嫁娶等场合都少不了用白酒来表达庆祝或纪念的心情，当然，那一道道或辛辣或酸甜的下酒菜肴也必不可少。

白酒的种类

白酒是中国的国酒，具有独特的东方风味。白酒大多是以高粱、大米等谷物为原料，大曲、小曲或麸曲、酒母为发酵剂，经蒸煮、糖化、发酵、蒸馏、陈酿而成。

1. 按产品档次分类

高档酒：用料好，工艺精湛，发酵期和贮存期较长，售价较高。一般称为特曲、特窖、陈曲、陈窖、陈酿、老窖、佳酿等的酒都是高档酒。

中档酒：工艺较为复杂，发酵期和贮存期稍长，售价中等。多为大曲酒、杂粮酒等。

低档酒：如瓜干酒、串香酒、调香酒、粮香酒和散装白酒等。

2. 按香型分类

浓香型白酒：以谷物为原料，经固态发酵、贮存、勾兑而成，具有以乙酸乙酯为主体的复合香气。窖香浓郁，口味丰满，入口绵甜。

清香型白酒：以谷物等为主要原料，经糖化、发酵、贮存、勾兑而成，具有以乙酸乙酯为主体的复合香气。酒色清亮透明，口味清香。

酱香型白酒：以高粱、小麦为原料，经发酵、蒸馏、贮存、勾兑而成，酱香突出。酒色微黄而透明，口味细腻，空杯留香持久。

米香型白酒：以大米为原料，经半固态发酵、蒸馏、贮存、勾兑而成，具有小曲米香。口味柔和，蜜香清雅，入口绵甜，后味怡畅。

与白酒相配的食物

常说餐和酒是夫妻，要登对才完美，中餐的最佳拍档正是白酒。中国菜系丰富，每种菜系其实都有自己的绝妙搭档。

1. 川菜 + 浓香型白酒

吃川菜最适宜喝浓香型白酒。浓香型白酒以浓香甘爽为特点，以"无色透明、窖香优雅、绵甜爽净、柔和协调、尾净香长、风格典型"名扬海内外。

搭配示范： 川菜最大的特色可以用"味辣口重"来形容，以最受欢迎的酸菜鱼为例，新鲜的草鱼配以四川泡菜煮制，肉质细嫩，辣而不腻，鱼片嫩黄爽滑，配上"窖香优雅，绵甜爽净"的浓香型白酒，在酸汤的衬托下，细细品味丰满醇香的酒液，味道叠加口感并重，可谓相得益彰的绝佳享受。

2. 湘菜 + 酱香型白酒

湘菜的最佳拍档是酱香型白酒。酱香型白酒属于大曲酒类，主要产自贵州，以高粱、小麦等为原料，经传统固态发酵而成，特点是酱香突出，优雅细致，酒体醇厚，余味悠长，清澈透明，色泽微黄。

搭配示范： 带有浓郁湘菜风味的干锅鸡，成菜色泽鲜丽，肉质鲜美，口感香辣，与甘美、厚重的酱香型白酒搭配，在口中交织出馥郁的香气，在辣味的衬托下白酒口感更加柔顺，余味悠长。

如果你嫌麻烦，目前市面上也可以买到浓头酱尾的白酒，比如茅台旗下全家福酒。所谓"浓头酱尾"，就是刚一入口感觉是浓香型的，回味又是酱香型的，喝完以后空杯留香，久久不散，非常适合中餐品种丰富的特点。

口味：卤香　时间：约5小时　难易度：★★☆

糟卤三味

准备材料

鸡翅·······························3 个

田螺························150 克

毛豆························150 克

生姜·····························8 克

小葱···························10 克

卤水·····················500 毫升

准备调料

盐·································3 克

制作步骤

1. 将鸡翅洗净，沥干，剁成三块；田螺洗净，用钳子夹去尾部。

2. 毛豆剪去两头，洗净；生姜洗净，去皮，切成丝；小葱洗净，切成小段。

3. 锅中倒入卤水烧热，放入葱段、姜丝，拌匀。

4. 煮沸后盛出，放入冰箱中冷藏。

5. 锅中注水烧开，放入鸡翅，撒入少许盐，煮熟后捞出。

6. 锅中换净水烧开，放入毛豆，煮至变色后捞出。

7. 锅中放入处理好的田螺，煮熟后捞出。

8. 取出冷藏的卤水，放入煮好的食材浸泡 5 小时即可。

温馨
叮咛

　　1. 所有食材都要煮熟后再放入卤水中浸泡，可保存 2～3 天。

　　2. 糟卤小菜最适合拿来作为下酒小菜，浓浓的卤香味与白酒微辣的口感相得益彰，回味无穷。

口味：酱香　时间：30 分钟　难易度：★☆☆

三杯五花肉

准备材料

五花肉······400 克

淀粉······少许

干辣椒圈······10 克

葱段······20 克

黄酒······15 毫升

蒜末······10 克

准备调料

盐······3 克

胡椒粉······5 克

冰糖······10 克

酱油······8 毫升

食用油······适量

制作步骤

1. 将五花肉切成长方形小块。

2. 切好的五花肉放入碗中，加入盐、胡椒粉、酱油拌匀，再撒上淀粉拌匀。

3. 锅中注油烧热，放入肉块，炸至定型、变黄后捞出。

4. 油锅中再放入辣椒圈、葱段，过油后捞出。

5. 锅中留油烧热，放入蒜末爆香。

6. 倒入五花肉、干辣椒圈、葱段翻炒均匀。

7. 加入冰糖，倒入酱油，炒匀，再加入黄酒，翻炒至食材入味。

8. 放入少许清水，焖煮至冰糖完全化开即可。

温馨叮咛

五花肉中的瘦肉部分相对其他肉来说要更加柔嫩多汁，与醇厚丰满、甘润爽口的白酒搭配起来十分完美，这样一方面可以化解油腻，一方面也可以柔化肉质。

口味：香辣　时间：25分钟　难易度：★★☆

三味拼盘

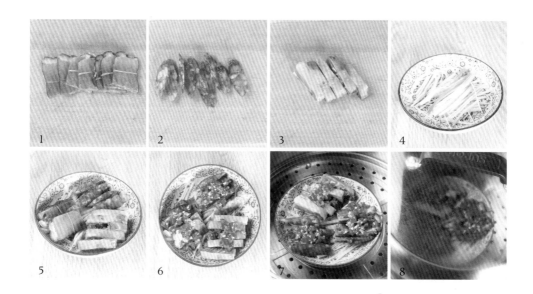

准备材料

腊肉·····················200 克

腊肠·····················150 克

腊鸭·····················200 克

姜丝·······················10 克

葱丝·······················20 克

剁椒碎·····················15 克

制作步骤

1. 将腊肉洗净，切成薄片。

2. 将腊肠洗净，斜切成薄片。

3. 将腊鸭洗净，剁成相同大小的小块。

4. 将备好的姜丝、葱丝放入碗底，铺平。

5. 分别放入鸭肉片、腊肠片、腊鸭块。

6. 再均匀地铺上剁椒碎。

7. 蒸锅上火烧开，放入蒸碗。

8. 盖上盖，蒸 20 分钟至食材熟透即可。

温馨
叮咛

　　酒味浓郁、醇厚的白酒应该搭配味道较重的食材，例如腊肉、腊肠等。腊制食品制作、存储都很方便，可以随取随用，简单处理后就是一道很好的下酒菜肴。

口味：咸鲜　时间：30分钟　难易度：★☆☆

红烧排骨

准备材料

猪排骨··················500 克

葱花·······················5 克

姜片·······················8 克

准备调料

盐·····························2 克

酱油·······················8 毫升

料酒·······················5 毫升

蚝油·······················5 克

食用油··················30 毫升

制作步骤

1. 将猪排骨洗净，剁成小段，备用。

2. 将切好的排骨放入碗中，加入少许盐、蚝油、料酒，搅拌均匀，腌渍入味。

3. 锅中注油烧热，放入姜片，爆香，再倒入排骨，炒至变色。

4. 倒入少量清水，煮片刻。

5. 放入盐，拌炒均匀。

6. 放入酱油，翻炒至食材上色，盛盘，撒上葱花即可。

温馨叮咛

　　焖排骨时可滴入几滴醋，使排骨中的钙、铁、磷等营养物质更充分地析出。用排骨作为白酒的下酒菜，排骨的油腻感被白酒的清香微辣中和，吃多了也不易腻。

口味：咸鲜　时间：10 分钟　难易度：★★☆

胡萝卜爆腰花

准备材料

猪腰	300 克
胡萝卜	100 克
葱花	5 克
蒜末	8 克
姜末	5 克

准备调料

盐	2 克
酱油	3 毫升
白酒	5 毫升
水淀粉	3 毫升
食用油	30 毫升

制作步骤

1. 将洗净的猪腰切成小块，打上网格花刀；胡萝卜切成菱形片。

2. 锅中注水烧开，放入切好的猪腰片，氽水后捞出。

3. 锅中注油烧热，放入姜末、蒜末、葱花，爆香。

4. 放入猪腰，翻炒至散发出香味。

5. 加入白酒，翻炒均匀。

6. 放入胡萝卜片，翻炒至胡萝卜片断生。

7. 加入少许盐、酱油，翻炒至食材上色。

8. 加入水淀粉勾芡即可。

温馨叮咛

泡洗猪腰时可多捏挤一会儿，能有效去除脏污及腥味。猪腰含有铁、磷、钙、多种维生素等营养物质，具有养肝护肾等功效，可以帮助加快酒精代谢速度。

口味：咸鲜　时间：25分钟　难易度：★☆☆

牛肉鱿鱼筒

准备材料

牛肉⋯⋯⋯⋯⋯⋯⋯⋯200 克

鱿鱼⋯⋯⋯⋯⋯⋯⋯⋯1 条

紫菜⋯⋯⋯⋯⋯⋯⋯⋯1 块

红辣椒圈⋯⋯⋯⋯⋯⋯5 克

准备调料

盐⋯⋯⋯⋯⋯⋯⋯⋯⋯3 克

酱油⋯⋯⋯⋯⋯⋯⋯⋯5 毫升

制作步骤

1. 将备好的牛肉剁成末，紫菜剪成鱿鱼大小。

2. 将鱿鱼处理干净，鱿鱼筒剪开，打上一字刀；鱿鱼须切成小段。

3. 将鱿鱼打上花刀的一面朝下，平铺上备好的紫菜块。

4. 再均匀地铺上牛肉末，撒上备好的红椒圈。

5. 放上切好的鱿鱼须段。将鱿鱼筒卷起，卷紧。

6. 用绳子将制作好的鱿鱼筒绑起来，扎紧。

7. 锅中加水烧开，放入盐搅拌匀，再放入酱油，拌匀。

8. 放入绑好的鱿鱼筒，煮约 20 分钟，至食材熟透上色，取出后切成圈即可。

 温馨叮咛 　　鱿鱼划上花刀的一面朝外，这样炖煮过后的鱿鱼筒才会出现好看的花纹。牛肉鱿鱼筒切成一口大小，非常适合配白酒食用。

口味：咸鲜　时间：28分钟　难易度：★☆☆

青椒牛柳

准备材料

牛肉	200克
青椒	100克
生粉	15克
蒜末	5克
葱花	8克
姜末	5克

准备调料

盐	2克
酱油	10毫升
食用油	25毫升

制作步骤

1. 将牛肉洗净，切成粗丝；青椒洗净，斜切成圈。

2. 取一个碗，放入蒜末、葱花，浸泡20分钟成葱姜水，备用。

3. 将切好的牛肉丝放入碗中，加入少许盐、葱姜水、生粉搅拌均匀。

4. 将酱油倒入碗中，放入少许盐搅拌均匀。

5. 锅中放油烧热，放入牛肉丝，炒至变色。

6. 放入辣椒圈，炒至辣椒圈熟软，再倒入酱油水，炒至食材入味即可。

温馨叮咛

牛肉的营养价值高，古有"牛肉补气，功同黄芪"之说，再搭上微辣的杭椒，美味营养又健康。炒制牛肉不要炒得过久，不然肉质变老，口感不好。

口味：咸鲜　时间：10分钟　难易度：★☆☆

孜然羊肉

准备材料

羊肉卷	250 克
香菜	50 克
白芝麻	10 克
干辣椒碎	8 克

准备调料

盐	2 克
花椒粉	3 克
孜然粉	3 克
食用油	30 毫升

温馨叮咛

如果担心羊肉有膻味，可在烹制的时候加点米醋。

一口羊肉，一口白酒，可驱寒暖身。

制作步骤

1. 将香菜洗净，切成小段，围在盘边。

2. 锅中注油烧热，放入羊肉卷炒至变色，放入盐炒匀。

3. 再撒入花椒粉、孜然粉，翻炒至食材入味。

4. 最后放入辣椒碎、白芝麻，翻炒均匀，盛入碗中即可。

口味：香辣　时间：20分钟　难易度：★☆☆

串烤鸡心 & 蔬果沙拉

准备材料

鸡心·····················300 克

豌豆苗·····················20 克

圣女果·····················20 克

准备调料

盐·····················3 克

辣椒粉·····················3 克

烧烤粉·····················5 克

烧烤汁·····················5 毫升

辣椒油·····················8 毫升

孜然粉·····················5 克

花生酱·····················5 克

芝麻酱·····················5 克

食用油·····················15 毫升

制作步骤

1. 将烧烤粉、盐、孜然粉、辣椒粉、芝麻酱、花生酱、辣椒油倒入装有鸡心的碗中，拌匀，腌渍 15 分钟；豌豆苗放入沸水锅中加盐焯水，捞出。

2. 将腌好的鸡心用竹扦穿成串，放在烧烤架上，用中火烤 3 分钟至变色。

3. 翻面，刷上适量烧烤汁、食用油，用中火烤 3 分钟至上色，翻转鸡心串，撒上孜然粉、辣椒粉，用中火续烤 1 分钟至熟。

4. 将烤好的鸡心串装入盘中，放上豌豆苗、切好的圣女果即可。

口味：香辣　时间：12 分钟　难易度：★☆☆

芝麻鸡丁

准备材料

鸡胸肉·················· 300 克

干辣椒·················· 10 克

蒜末······················ 5 克

姜末······················ 5 克

白芝麻·················· 10 克

生粉······················ 15 克

准备调料

盐·························· 5 克

鸡粉······················ 3 克

料酒······················ 3 毫升

生抽······················ 5 毫升

食用油·················· 30 毫升

制作步骤

1. 洗净的鸡胸肉切成 1 厘米见方的丁；干辣椒洗净，切成圈。

2. 锅中加水烧开，放入切好的鸡丁，汆水后捞出。

3. 鸡丁装入碗中，加入少许料酒、生抽、生粉拌匀。

4. 热锅放油烧热，放入姜末、蒜末、干辣椒圈爆香。

5. 再倒入鸡丁，炒至金黄色。

6. 加入白芝麻，炒匀，放入盐、鸡粉，翻炒匀至入味，盛出即可。

鸡肉营养丰富，是高蛋白、低脂肪的健康食品。芝麻鸡丁中辣椒的辣，加上芝麻的香，还有淡淡的酒香，刺激你的味蕾，唤醒你的食欲。

口味：香辣　时间：8分钟　难易度：★★☆

椒香鸡胗

准备材料

鸡胗······················200 克

芹菜梗······················20 克

灯笼泡椒······················20 克

泡小米椒······················10 克

朝天椒圈······················12 克

姜片······················5 克

蒜末······················5 克

八角······················10 克

准备调料

盐······················4 克

鸡粉······················3 克

生抽······················9 毫升

食用油······················30 毫升

制作步骤

1. 处理好的鸡胗切上花刀，改切成片；洗净的芹菜切成段。

2. 洗好的泡小米椒切圈；灯笼泡椒对半切开。

3. 锅中加水烧开，放入备好的八角、姜片、鸡胗，汆至鸡胗变色，捞出。

4. 锅中倒入适量食用油烧热，放入蒜末、灯笼泡椒、泡小米椒、朝天椒圈，爆香。

5. 倒入汆过水的鸡胗，炒匀。

6. 加入适量盐、鸡粉，翻炒匀。

7. 淋入生抽，炒匀。

8. 倒入切好的芹菜，快速翻炒均匀，装入盘中即可。

 温馨叮咛　　烹饪此菜时宜用大火快炒，这样炒出来的鸡胗口感更佳。

口味：香辣　时间：15分钟　难易度：★☆☆

烤鱿鱼

准备材料

鱿鱼·····························1条

准备调料

盐·····························2克

生抽·····················5毫升

烧烤酱·················15克

辣椒粉·················8克

温馨
叮咛

　　鱿鱼烤制时间不宜太久，否则会太韧，不易嚼。

　　烤鱿鱼串可以说是一道人人皆知的下酒佳肴，与酸度较高、后味较长的白酒搭配更为合适。

制作步骤

1. 洗净的鱿鱼划一字花刀，再对半切开，切成块，待用。

2. 锅中加水煮沸，放入切好的鱿鱼块，余水3分钟，捞起沥干。

3. 碗中放入生抽、盐、辣椒粉，搅拌均匀，制成酱汁。

4. 将酱汁倒入装有鱿鱼块的碗中，搅拌均匀，并将鱿鱼串成串，刷上烧烤酱。

5. 将鱿鱼串放到烤盘上，烤5分钟后翻面，续烤5分钟至熟即可。

口味：麻辣　时间：5分钟　难易度：★☆☆

麻辣花生

准备材料

花生米·············300 克

干辣椒段···········8 克

花椒················10 克

准备调料

盐················3 克

辣椒油···········10 毫升

食用油···········30 毫升

温馨
叮咛

　　花生米入油锅后，应保持温油小火炸制，中途还需不停搅动，让花生米能保持均匀受热。待花生米的颜色炸至稍变深时就捞出来，不要炸煳。

制作步骤

1. 起锅注油烧至五成热，倒入花生米，炸约2分钟捞出，冷却后去皮装盘。

2. 锅底留油，倒入干辣椒段、花椒翻炒出麻辣香气，倒入炸好的花生米。

3. 淋入辣椒油，再加入少许盐炒匀，盛出装盘即可。

第四章

一口清酒，与君微醉

在日本，清酒扮演着一个非常重要的角色。就算有其他流行酒类的出现，清酒也仍旧活跃在人们的日常生活中。不管是正餐中，还是夜宵时，如果想感受一下酒液顺喉咙流下的爽快和微醺的滋味，清酒都是不错的选择。

日本饮食文化中的明珠——清酒文化

什么酒的气味最清新？什么酒的感觉最文艺？什么酒不会把你一下放倒，但从见到起就能让你酒不醉人人自醉？

很多人会认为是清酒。

名字带上个"清"字，即使是俗气的食物都好像能瞬间升华到文艺的境界。遥想那些赏樱花、啜饮清酒的场面，自是比赏菊花、豪饮高粱酒要清新雅致。

清酒的文艺范儿还与爱它的人有关。日本的作家个个爱喝酒，电影里，身着和服的艺伎为男主角奉上一杯清酒，配着清淡的日式料理，十分文艺。

也正因此，喝清酒本身更像是一种文艺的生活方式，而清酒的种种文艺之路，皆从名字开始。日本人最中意将自然万物和飞鸟走兽融入酒名之中：抬头仰望富士山得名"白雪"，为呼应"岁寒三友"的灵性取名"松竹梅"……

日本最古老的清酒"白雪"，始于公元 1600 年，据传小西家族第二代老板运酒至江户途中，仰望富士山，被它的气势感动而命名。此后，与雪有关的清酒名多达几十种——"雪椿""雪男""雪小町""雪村樱""雪中花""雪国之酒""雪之白神"……为什么日本人如此喜爱把清酒与雪混搭？日本散文家团伊玖磨曾在他的《烟斗随笔》里写过一则与小说家高见顺在雪夜饮酒的故事："两人来到赤坂一个酒家，又消磨了约莫一个小时。末班车早就没有了，而雪却越下越大。雪把街上的声音都吸走了，周围静悄悄的。夜，深了。"正是如此，也许再好的下酒菜，都不及以雪就酒来得有情怀。

与清酒搭配的美食

与红酒可以"干喝"不同,清酒仿佛是为日本料理量身定造的。毛豆、天妇罗、烤鸡串等几样小菜就可让清酒迷们喝上半个晚上。有些清酒吧和料理店,还备有紫菜粉炸池鱼、鱿鱼七味烧、串烧猪肩肉、串烧墨鱼嘴、鱿鱼芥辣等日式小吃,专供下酒。

有趣的是,日餐中会不断有醒酒菜出现,好像生怕你喝醉了。如吃完鱼生端上来的清汤,紧随天妇罗上的酸味小菜或清淡煮物。基本上一道下酒菜后就来一道解酒菜,让人永远感觉酒没喝够。

下面介绍一些常见清酒品牌及与之搭配的美食:

小鼓酒:小鼓酒具有一种独特的踏实沉稳的香气,小鼓酒·路上有花更是被誉为"超越葡萄酒的清酒"。它口感柔顺、清爽醇和、果香浓郁,兼具了苹果、梨和香蕉的香气。
建议搭配料理:盐烤竹节鱼,蔬菜料理,关东煮。

獭祭:獭祭酒庄是日本少数可进行"四季酿造"的酒庄,其清酒采用创新技术纯手工精制而成。选用的原料为高级酒米——山田锦,水取自山口县山间的无污染水源。其纯米大吟酿虽以米酿成,却呈现水果的清香,甘甜淡雅,如魔法般不可思议。
建议搭配料理:温和柔顺的口感,与刺身搭配最为适宜。此外,搭配"卷煮物",佐以日本大葱和特调酱汁,也别有一番风味。

梵·梦正梦:创立于 1860 年的清酒品牌"梵",被誉为日本国宝。而"梦正梦"则是其中限量生产的顶级名酒。它在 -8℃的冰窟中精心陈酿 5 年而成,精米度达 35%,酒色如泉水般明快亮丽,浓郁的甘醇口感难以言表。
建议搭配料理:口味较重的煎炸食物。

口味：咸鲜　时间：18分钟　难易度：★☆☆

日式盐水枝豆

准备材料

毛豆⋯⋯⋯⋯⋯⋯⋯250克

准备调料

盐⋯⋯⋯⋯⋯⋯⋯⋯5克

温馨叮咛

　　用盐搓洗毛豆可以破坏豆荚表皮细胞的毛孔，使盐能进入豆荚，更加入味。

　　盐水枝豆虽然是一碟简单的小菜，但的确是日本人最喜爱的下酒菜之一，适合搭配口味清新轻柔的清酒。

制作步骤

1. 将毛豆洗净，放入碗中，撒入3克盐，揉搓片刻后放置15分钟。

2. 锅中注入适量的清水，用大火烧开，放入毛豆、2克盐，煮至毛豆断生时捞出。

3. 将毛豆用保鲜袋装好，保存在冰箱的冷冻层，想吃时取出自然解冻即可。

口味：咸鲜　时间：8分钟　难易度：★☆☆

金平牛蒡

准备材料

牛蒡·······················100 克

胡萝卜·····················30 克

葱丝·······················5 克

准备调料

盐·························2 克

白砂糖·····················10 克

清酒·······················5 毫升

酱油·······················5 毫升

食用油·····················20 毫升

切好的牛蒡放在白醋水中浸泡15分钟，可保持其不变色。这道菜口感脆中带韧，味道鲜甜微辣，与清酒搭配，清香不腻。

制作步骤

1. 牛蒡切细丝，备用；胡萝卜去皮，洗净，切细丝。

2. 锅中注油烧热，放入牛蒡丝，中火炒2分钟。

3. 将胡萝卜放入锅中，继续炒3分钟。

4. 将火暂时关掉，加入白砂糖、清酒、酱油、盐，拌匀，再打开火，翻炒均匀后盛出，放上葱丝即可。

口味：酸甜　时间：5分钟　难易度：★☆☆

日式凉拌大根

准备材料

腌萝卜·············200 克

韭菜·············30 克

熟黑芝麻·············10 克

准备调料

白糖·············2 克

白醋·············5 毫升

制作步骤

1. 将韭菜洗净，切成约 5 厘米长的段。

2. 将腌萝卜切成细丝，备用。

3. 将切好的萝卜丝放入碗中，淋上白醋。

4. 放入白糖搅拌均匀，挤出水分。

5. 将处理好的腌萝卜丝和韭菜丝一起放入碗中。

6. 再放入熟黑芝麻，搅拌均匀即可。

温馨叮咛

日料中的大根就是我们常用的白萝卜，这里用的黄色大根是一种腌渍品，可以在网上买到，一些大型超市也有出售。

这款小菜最适合搭配熏酒型清酒，清新带甜味，女士会比较喜欢。

口味：咸鲜　时间：25 分钟　难易度：★★☆

日式炸猪排

准备材料

猪里脊肉⋯⋯⋯⋯⋯150 克

卷心菜⋯⋯⋯⋯⋯⋯80 克

圣女果⋯⋯⋯⋯⋯⋯2 颗

鸡蛋⋯⋯⋯⋯⋯⋯⋯2 个

面粉⋯⋯⋯⋯⋯⋯⋯50 克

面包糠⋯⋯⋯⋯⋯⋯50 克

准备调料

盐⋯⋯⋯⋯⋯⋯⋯⋯3 克

胡椒粉⋯⋯⋯⋯⋯⋯5 克

烧烤酱⋯⋯⋯⋯⋯⋯10 克

食用油⋯⋯⋯⋯⋯⋯适量

制作步骤

1. 将猪里脊肉切成厚片，在肉筋上划上几刀；卷心菜洗净，切成细丝；圣女果对半切开。

2. 在猪里脊肉表面撒上盐、胡椒粉，抹匀。

3. 将腌渍好的里脊肉片蘸上面粉。

4. 鸡蛋打入碗中，搅散成蛋液，备用。

5. 将蘸有面粉的猪里脊肉放入蛋液中，裹上一层蛋液。

6. 再裹上一层面包糠。

7. 锅中注入适量食用油，烧热后放入里脊肉片，炸 3~4 分钟至呈金黄色。

8. 翻面，再炸 2~3 分钟，盛出，切成小段，挤上烧烤酱，与卷心菜丝、圣女果一起摆入盘中即可。

温馨叮咛　　猪里脊肉肥瘦部分之间连着很多筋，用刀划成段后吃起来更方便。这道猪排适合搭配口味较辛辣、口感较厚重的清酒。

口味：咸鲜　时间：8分钟　难易度：★☆☆

味噌香炸鸡胸肉

准备材料

鸡胸肉·····················250 克

西红柿·····················100 克

柠檬·························半个

鸡蛋清·····················20 克

生菜·························16 克

蒜末·························5 克

生粉·························15 克

准备调料

盐···························2 克

胡椒粉·····················2 克

豆瓣酱·····················6 克

味噌·························15 克

食用油·····················适量

生抽·························5 毫升

制作步骤

1. 洗净的鸡胸肉对切开，切片。

2. 洗净的西红柿去蒂，对半切开，切成瓣；柠檬洗净，切成瓣。

3. 鸡胸肉装入碗中，放入盐、胡椒粉，拌匀。

4. 再放入生抽拌匀，倒入味噌。

5. 倒入食用油，拌至顺滑。

6. 再倒入备好的鸡蛋清，放入豆瓣酱、蒜末，搅拌均匀。

7. 倒入生粉，裹匀。

8. 锅中注入适量食用油，烧至六成热，放入鸡胸肉炸至酥脆，捞出，摆放在装好生菜的盘中，再摆放上西红柿、柠檬块即可。

口味：咸鲜　时间：25 分钟　难易度：★★☆

筑前煮

准备材料

鸡腿肉·················150 克

胡萝卜·················60 克

莲藕·····················80 克

牛蒡·····················60 克

香菇·························3 个

准备调料

盐···························3 克

食用油·············30 毫升

料酒·················5 毫升

白砂糖·················3 克

制作步骤

1. 鸡腿肉洗净，擦干表面水分，切成块。

2. 胡萝卜洗净、沥干，切块；香菇切成相同大小的块。

3. 牛蒡去皮切块；莲藕去皮洗净，斜刀切滚刀块。

4. 锅中注入油烧热，放入鸡肉爆炒，待其呈金黄色时盛入碗中。

5. 将牛蒡、莲藕、胡萝卜放入锅中，拌炒匀。

6. 加入香菇拌炒匀，加入适量清水、料酒、盐。

7. 大火烧沸腾后转小火，加入白砂糖。

8. 将之前炒过的鸡肉及碗中的汤汁一起加入锅中，煮至食材熟软，盛出即可。

 温馨叮咛　　筑前煮是一道日本风味的混搭美食，食材多样。制作时还可以加入魔芋，但是魔芋要提前煮过，以去除异味。

口味：咸鲜 　时间：40分钟 　难易度：★☆☆

三文鱼炖萝卜

准备材料

三文鱼·················150 克

白萝卜·················100 克

菠菜·····················50 克

高汤·················500 毫升

姜·······················15 克

准备调料

盐·························2 克

酱油·····················5 毫升

味醂·····················3 毫升

清酒·····················5 毫升

白糖·····················5 克

制作步骤

1. 将三文鱼处理干净，切成小方块。

2. 将白萝卜去皮，切成与三文鱼大小一致的方块。

3. 菠菜洗净，去根，切成小段；姜去皮，切成丝。

4. 将少许酱油、味醂放入高汤中，搅拌均匀，制成八方高汤，倒入锅中，加热。

5. 放入白糖、清酒、姜丝、白萝卜，搅拌均匀，用大火煮沸后转小火再煮 10 分钟。

6. 放入三文鱼，小火煮约 10 分钟。

7. 加入盐和剩余的酱油，煮至入味。

8. 放入切好的菠菜，稍烫片刻即可。

 温馨叮咛　　入口即化的肥嫩三文鱼，可以搭配果味较重、清淡型的清酒，微酸微甜赶走油腻，平衡口感。

口味：酸甜　时间：25分钟　难易度：★☆☆

腌萝卜块

准备材料

白萝卜	1个
红辣椒丝	5克
豌豆苗	8克
绿茶包	1包

准备调料

盐	2克
白糖	2克
白醋	10毫升

温馨叮咛

　　腌萝卜有助消化，肉类菜肴配上一碟清新的腌萝卜，不仅可促进消化、帮助酒精代谢，还能消除油腻口感。

制作步骤

1. 将白萝卜去皮，切成大方块，再在表面打上纵横刀痕，但是不切断。

2. 取一个玻璃碗，放入温开水、绿茶包，浸泡片刻，取出茶包。

3. 加入白糖、盐、白醋混合均匀，制成泡汁。

4. 将切好的萝卜放入泡汁中，浸泡20分钟后取出，摆入盘中，点缀红椒丝、豌豆苗即可。

口味：咸酸　时间：8分钟　难易度：★☆☆

墨鱼柠檬片

准备材料

柠檬·······························1 个

墨鱼·······························1 条

白洋葱·························80 克

准备调料

盐·································3 克

橄榄油·····················8 毫升

胡椒粉·························3 克

温馨叮咛

　　一般口感清新略微带甜味的清酒，特别适合搭配味淡清凉的食品，比如沙拉，或者海鲜类的食材。

制作步骤

1. 将柠檬洗净，对半切开后切成薄片。

2. 将白洋葱洗净，切成小瓣；将墨鱼切成小方块。

3. 锅中注入少许清水烧开，放入切好的墨鱼块，煮约 2 分钟。

4. 再放入白洋葱，煮片刻。

5. 加入少许盐、橄榄油拌匀。

6. 加入少许胡椒粉拌匀，夹出墨鱼块，与柠檬片间隔摆入盘中，再挤上柠檬汁即可。

什锦天妇罗

准备材料

大虾······250 克

芹菜叶······15 克

鸡蛋······2 个

香菇······2 个

天妇罗粉······50 克

胡萝卜······60 克

准备调料

日本酱油······20 毫升

制作步骤

1. 大虾洗净，剥去虾壳，留少许虾尾备用。

2. 胡萝卜洗净去皮，切圆片。

3. 香菇洗净去蒂，打上十字花刀。芹菜叶洗净，沥干水。

4. 将天妇罗粉放入碗中，打入鸡蛋，放入少许清水。

5. 顺时针搅拌均匀，静置 10 分钟。

6. 将处理好的大虾、香菇、胡萝卜放入拌好的蛋液中，裹上蛋液，捞出。

7. 锅中注入油烧热，放入大虾，炸至金黄，捞出沥油。

8. 再放入胡萝卜、香菇，炸约 30 秒，放入青菜叶稍炸，全部捞出，沥油，配日本酱油食用。

 温馨叮咛　天妇罗菜式最重要的就是面衣，而面衣的关键在于使用凉水，凉水会使得炸出来的食物更轻盈。天妇罗最宜配辛辣型的清酒，加热后微辛中渗出一种熏香暗辣，与酥脆的天妇罗完美搭配！

口味：咸鲜　时间：15分钟　难易度：★☆☆

酒蒸蛤蜊

准备材料

蛤蜊··············400 克

小葱··············1 根

姜··············15 克

准备调料

白酒··············15 毫升

酱油··············5 毫升

食用油··············30 毫升

制作步骤

1. 将蛤蜊放入浓度为 3% 的淡盐水中浸泡，使其吐出泥沙，洗净后控干。

2. 将小葱切成葱花；姜去皮，切成丝。

3. 锅中注入油烧热，放入蛤蜊拌炒，加盖，开火焖至壳开，放入姜丝。

4. 调入白酒，翻炒均匀。

5. 倒入酱油，拌匀。

6. 撒上葱花，加盖略焖即可。

温馨叮咛

　　有些蛤蜊在焖的过程中不开口，说明已经不新鲜，要挑出来，不可食用。

　　蛤蜊独特的美味和肉质需要搭配一杯清淡的清酒来细细品味。

第五章

一杯烧酒，一解烦忧

韩国烧酒是世界上最流行的蒸馏酒之一。说起韩国烧酒，大多数人都会想到韩剧和韩国电影中的场景。路边摊或者小饭馆中客人们酩酊大醉的桥段，都能看到烧酒的身影。韩国烧酒不像啤酒那样占胃容积，不会影响食客胃口，很多人都非常喜爱。

了解韩剧中的韩国烧酒

　　在啤酒配炸鸡这个"梗"还没有流行起来之前，韩国的国酒就是著名的韩国烧酒。一盘烤肉、几串烤年糕，与那清澈的酒液很是相配。韩国烧酒的外观十分相似，绿油油的瓶子好像成了烧酒的标志，不同的只是品牌以及口感。

不得不知的烧酒品牌

初饮初乐： 初饮初乐采用韩国大关岭山麓纯净的岩石水酿制而成，含有对人体有益的丰富的矿物质，是世界上最早的碱性水烧酒。

枫叶烧酒： 枫叶烧酒是韩国知名的烧酒品牌，使用著名的全南长城芦岭地下天然岩层水酿制而成，并添加天然枫树浆，香郁清醇。

安东烧酒： 安东被认为是最优质的韩国烧酒的原产地。使用曹勇传统蒸馏稻谷工艺酿造，其酒精度可以高达45度。

真露： 真露是韩国烧酒第一品牌，在韩国市场占据的份额超过50%。而且统计数据还显示一个惊人的信息，真露烧酒其实是世界上最畅销的蒸馏酒，没有之一。你在韩剧里看到的烧酒99%都是这款。

与韩国烧酒搭配的美味食物

很多人知道韩国烧酒，是从韩剧和韩国电影里开始的。那烧酒搭配什么吃比较合适呢，下面就介绍几种常见搭配。

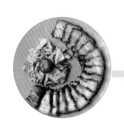
五花肉： 韩国人喜欢喝烧酒，五花肉正是其最佳拍档。有一首歌曲这样唱道："今天也要烤一烤，五花筋道嚼一嚼，杯中的酒消一消。偷得余暇来一盅，五花肉烤出香喷的油，烧酒喝起来好顺口，接着就该唱一曲。"与亲朋好友们把酒言欢，一边烤肉，一边聊天，一边喝酒，气氛轻松自由，推杯换盏之间，体会亲情、友谊的珍贵和生活的美好。

烧烤： 吃烧烤时，韩国烧酒绝对是上好的选择，从度数、口感等多方面来讲，比啤酒更适合，烧酒不像啤酒那样苦涩又容易饱腹，反而会令食客胃口大开。

海鲜： 生食海鲜的时候饮用烧酒再合适不过了。韩国是个三面环海的国家，这就决定了韩国烧酒是完全针对海鲜，尤其是针对生食海鲜而酿造的。

火锅： 韩国的烧烤很有名，但是在过年的时候全家聚在一起时吃的却是泡菜火锅。过年必然要喝酒，首选当然是韩国烧酒，说是烧酒，其实酒精度只有 20 度左右，经过竹炭过滤除去各种杂物及杂味，同时补充有益物质，好喝又不伤身。

口味：甜辣　时间：15分钟　难易度：★☆☆

桔梗拌黄瓜

准备材料

桔梗·····················100 克

黄瓜·······················80 克

蒜末·························8 克

熟白芝麻··················10 克

准备调料

盐····························2 克

白醋·····················2 毫升

白糖·························5 克

韩式辣椒酱··················5 克

制作步骤

1. 将桔梗放入温水中，浸泡至变软。

2. 黄瓜洗净，切成小圆片，备用。

3. 将泡软的桔梗捞出，沥干水分，撕成细丝。

4. 取碗，放入桔梗丝、韩式辣椒酱、白醋、白糖、盐，搅拌均匀。

5. 黄瓜片放入碗中，加入盐、蒜末、白芝麻，腌渍片刻。

6. 将腌渍好的黄瓜片放入桔梗丝中，搅拌均匀即可。

温馨叮咛

　　生的桔梗有一股苦味，用清水浸泡后用盐揉搓一下，可以减轻苦味。

　　这道菜爽脆可口，辣中有甜，非常合适与烧酒搭配。

口味：酸辣　时间：18分钟　难易度：★☆☆

黑芝麻拌葱白

准备材料

葱白·····················2 根

熟黑芝麻··············8 克

准备调料

盐·····················2 克

白醋·····················3 毫升

辣椒粉··············5 克

香油·····················5 毫升

温馨叮咛

　　葱白有一点辣，要在凉水中浸泡一会儿，以除去辣味。

　　葱白洁白而味甜，微辣，与烧酒搭配，非常和谐。

制作步骤

1. 将备好的葱白洗净，切成约 5 厘米长的段，再切成细丝。

2. 取碗，放入清水、切好的葱白丝，浸泡 15 分钟。

3. 捞出泡好的葱白丝，沥干水，放入盐、白醋、香油，拌至盐化开。

4. 再撒上辣椒粉、黑芝麻，搅拌均匀即可。

口味：甜辣　时间：8 分钟　难易度：★☆☆

辣拌明太鱼

准备材料

干明太鱼·····················1 条

葱白·························50 克

熟白芝麻·······················8 克

准备调料

盐·····························2 克

白醋·······················5 毫升

韩式辣椒酱···················5 克

香油·······················2 毫升

白糖·························5 克

醋最好是选用白醋，够酸，且不影响菜肴最后的色泽。

这道味道酸中带着甜辣的拌明太鱼，吃起来有嚼劲，配上韩国烧酒才够味。

制作步骤

1. 将明太鱼放入温水中，浸泡至变软后洗净，挤出水分，切成丝；葱白洗净，切成圈。

2. 将切好的明太鱼丝放入碗中，放入盐、白醋、白糖，搅拌至白糖与盐完全化开。

3. 再放入韩式辣椒酱、香油搅拌均匀，装入盘中，撒上熟白芝麻即可。

口味：香辣　时间：12分钟　难易度：★★☆

香煎豆腐

准备材料

老豆腐·············1 大块

小葱·················10 克

朝天椒圈···········20 克

蒜末·················20 克

面粉·················50 克

准备调料

盐······················2 克

生抽·················5 毫升

白糖··················3 克

辣椒粉···············5 克

香油·················5 毫升

食用油·············30 毫升

制作步骤

1. 将老豆腐的四周切平整，再改刀成 6 个长方块；小葱切成长段。

2. 将生抽倒入碗中，放入白糖、辣椒粉，搅拌均匀。

3. 再放入蒜末、香油搅拌均匀，制成酱料。

4. 在切好的豆腐上撒上少许盐，静置片刻。

5. 再撒上适量的面粉，让每块豆腐都均匀地包裹上面粉。

6. 锅中注油烧热，放入豆腐块，用中小火煎至两面呈金黄色，取出装盘。

7. 锅底留油，放入调好的酱料，拌炒至沸腾。

8. 将炒好的酱料淋到豆腐块上，再点缀上葱段、朝天椒圈即可。

温馨叮咛　　　　豆腐一定要选择老豆腐，嫩豆腐容易碎，煎不成形。豆腐裹一层面粉后煎熟，皮脆内软，淋上酱汁后美味无比。适宜搭配烧酒。

口味：香辣　时间：60 分钟　难易度：★ ★ ★

烤五花肉 & 辣白菜

准备材料

五花肉·······················400 克

辣白菜·························80 克

灯笼泡椒·····················1 个

蒜末·························15 克

牛至叶末······················5 克

香叶··························5 克

准备调料

盐····························3 克

料酒·························5 毫升

胡椒粉························3 克

酱油·························5 毫升

食用油·······················10 毫升

制作步骤

1. 取碗，倒入料酒、胡椒粉、盐，搅拌均匀。

2. 再放入酱油、蒜末，拌匀。

3. 加入牛至叶末，拌匀，制成酱汁。

4. 玻璃碗中放入洗净的五花肉，淋上酱汁，腌渍至入味。

5. 放上香叶，再次浇上酱汁。

6. 将处理好的五花肉放入烤盘，入烤箱，以上下火 200℃ 烤 25 分钟。

7. 烤制 10 分钟左右时打开烤箱，刷上一层食用油。

8. 再烤 15 分钟后取出烤好的五花肉，切成小片，与辣白菜和灯笼泡椒一起放入盘中即可。

温馨叮咛

辣白菜最好是发酵浸泡了 6 个月以上的，这种辣白菜香味够浓，搭配五花肉、烧酒既可解腻，又能激发食欲。

口味：咸鲜　时间：18分钟　难易度：★★☆

杏鲍菇排骨

准备材料

牛肉·····················200 克

杏鲍菇·····················2 个

面粉·····················50 克

松子·····················15 克

蒜末·····················5 克

葱花·····················5 克

准备调料

盐·····················2 克

酱油·····················3 毫升

香油·····················5 毫升

胡椒粉·····················2 克

制作步骤

1. 将备好的牛肉洗净，剁成末；将松子切碎。

2. 将杏鲍菇切成片。

3. 取碗，放入牛肉末，加入酱油。

4. 再撒入蒜末、葱花。

5. 放入香油、胡椒粉、盐，搅拌均匀，腌渍 10 分钟，再放入少许面粉搅打至上浆，成牛肉馅。

6. 将杏鲍菇的两面都蘸上面粉。

7. 将杏鲍菇两面各铺一层牛肉馅。

8. 锅中注入油烧热，放入杏鲍菇，将两面煎至熟，撒上松子即可。

 温馨叮咛 　　肉末一定要反复搅打至上浆；杏鲍菇上要蘸匀面粉后再铺牛肉馅，以免在煎制的过程中牛肉馅掉落。

口味：咸鲜　时间：20 分钟　难易度：★ ★ ☆

香煎鸡肉

准备材料

鸡腿·······················2 个

樱桃萝卜·················3 个

准备调料

盐··························2 克

白酒·····················5 毫升

酱油·····················10 毫升

白糖·······················2 克

食用油·················30 毫升

制作步骤

1. 将鸡腿拆骨，肉尽量连成一块，然后用叉子戳上小洞；樱桃萝卜洗净。

2. 将鸡腿肉放入碗中，加入盐、白酒、酱油搅拌均匀。

3. 再放入白糖，拌匀后腌渍至入味。

4. 锅中注入油烧热，放入鸡肉块，鸡皮朝下，煎约 5 分钟至颜色变成微黄，翻面。

5. 再放入腌渍鸡肉的酱汁，煮至收汁。

6. 盛出煎好的鸡肉，切成小块，配上樱桃萝卜即可。

温馨叮咛

　　鸡腿剔骨的时候应从一边开始，保持鸡肉的完整，便于入锅煎制。

　　烧酒化解了鸡肉的油腻，其味道与微甜的鸡肉搭配也是相得益彰。

口味：香辣　时间：5分钟　难易度：★☆☆

辣炒小银鱼

准备材料

小银鱼 ·············· 150 克

红椒 ·············· 80 克

青椒 ·············· 80 克

蒜末 ·············· 10 克

白芝麻 ·············· 10 克

准备调料

盐 ·············· 2 克

胡椒粉 ·············· 3 克

食用油 ·············· 30 毫升

制作步骤

1. 将青椒、红椒均洗净，分别切成丝。

2. 锅中注油烧热，爆香蒜末，再放入青椒丝、红椒丝，炒香。

3. 撒入少许盐，翻炒匀。

4. 放入小银鱼，炒至小银鱼表皮颜色变黄。

5. 加入胡椒粉，翻炒至食材入味。

6. 撒上白芝麻，炒出香味，盛出即可。

银鱼有大小之分，制作这道菜最好选择小一点的银鱼，大的银鱼适合用来做汤。

口味：咸鲜　　时间：20分钟　　难易度：★★★

蔬菜鱿鱼串

准备材料

鱿鱼·····················1 条

土豆·····················100 克

胡萝卜·····················100 克

青椒·····················30 克

鸡蛋·····················2 个

面粉·····················50 克

准备调料

盐·····················3 克

胡椒粉·····················3 克

食用油·····················30 毫升

制作步骤

1. 胡萝卜去皮，切成小块；土豆去皮，切成小块；青椒洗净，切末。

2. 锅中注入适量清水烧开，分别放入胡萝卜、土豆煮熟，捞出。

3. 将煮好的土豆、胡萝卜分别压成泥，待用。

4. 将鱿鱼洗净，处理好，切成圈。

5. 将胡萝卜泥倒入土豆泥中，加入青椒粒、盐、胡椒粉，搅拌均匀成馅料。

6. 将拌好的馅料塞到鱿鱼圈内，塞紧实。

7. 鸡蛋打入碗中，搅散成蛋液；鱿鱼圈先裹上一层蛋液，再裹上一层面粉。

8. 锅中注入油烧热，放入鱿鱼圈，炸至定形后翻面，炸至呈金黄色即可捞出。

温馨叮咛　　鱿鱼圈最好切得厚一些，塞入的食材要紧实，这样裹上蛋液后油炸的时候不容易分离。

口味：甜辣　时间：25分钟　难易度：★☆☆

香煎明太鱼

准备材料

干明太鱼	2 条
葱花	5 克
蒜末	20 克
生菜叶	1 片
熟白芝麻	10 克

准备调料

盐	2 克
白糖	5 克
生抽	2 毫升
香油	5 毫升
韩式辣椒酱	8 克
食用油	30 毫升

制作步骤

1. 将干明太鱼放入温水中，浸泡 25 分钟至变软，捞出，挤掉水分，在鱼身上打上一字刀。

2. 取碗，放入盐、韩式辣椒酱、白糖、生抽、香油、蒜末、少许清水和少许食用油，搅拌均匀，制成酱汁。

3. 锅中注入油烧热，放入明太鱼，煎至两面呈金黄色。

4. 刷上酱料，继续煎至上色，盛出，切成小块，撒上葱花、熟白芝麻即可。

口味：鲜辣　时间：15 分钟　难易度：★ ☆ ☆

辣炒年糕

准备材料

条形年糕·············300 克

胡萝卜·················80 克

青椒·····················20 克

白芝麻·················10 克

准备调料

盐··························2 克

酱油·····················3 毫升

白糖·····················2 克

韩式辣椒酱············5 克

食用油·················25 毫升

年糕煮的时间不要过久，煮完之后放入凉水中浸泡片刻，口感会更加筋道。

制作步骤

1. 胡萝卜去皮，切成丝；青椒洗净，切成丝。

2. 锅中注入水烧开，放入年糕条，煮至断生后捞出，过凉水。

3. 取碗，放入盐、酱油、白糖、韩式辣椒酱、少许清水，搅拌均匀，制成酱汁。

4. 锅中注入油烧热，放入胡萝卜丝、青椒丝，炒出香味后倒入酱汁煮沸，放入年糕条，煮至收汁，盛出，撒上白芝麻即可。

酱油年糕

准备材料

条状年糕·····················1 袋

海苔片·····················2 片

准备调料

白糖·····················5 克

酱油·····················15 毫升

料酒·····················3 毫升

食用油·····················25 毫升

制作步骤

1. 将条状年糕切开，放入水中浸泡片刻，捞出，待用。

2. 将海苔片切成比条状年糕略窄的片。

3. 取碗，放入酱油和料酒，拌匀。

4. 调入白糖，搅拌匀成酱汁。

5. 将酱汁放入年糕条中，搅拌均匀。

6. 锅中注入油烧热，放入年糕条煎熟，再裹上海苔片即可。

温馨
叮咛

年糕的软糯、酱油的浓香与烧酒的清醇结合在一起，回味悠长。

第六章

酒醉半酣，解酒美食

现代人的聚会很多，应酬也不少，相信很多人都知道宿醉的痛苦。但很多时候喝酒是难以避免的，那么如何更好地解决宿醉问题呢？选择适合的醒酒食物很重要。本章将告诉大家吃什么食物来应对酒后宿醉的痛苦。

美酒虽好，不可贪杯

世界健康组织对每日饮酒的量是这样规定的：每日摄入的纯酒精不能超过 10 克；不论男性还是女性，每日饮酒量都不能超过 2 个标准杯。

标准杯通常在葡萄酒的英文背标上可以见到，是一个比较抽象的概念，简单理解就是"这一瓶酒由几个人平分是安全的"。不同国家这一标准不同，因此具体建议如下：

啤酒：每天不要超过2瓶

啤酒每升热量为 400 千卡，其中一半来自酒精，一半来自糖分。啤酒中的啤酒花还能增进食欲、刺激胃酸分泌、提高消化能力，过量饮用易使人发胖。

正确饮用量： 每天最多不要超过 2 瓶。

白酒：不超过150毫升

白酒中的成分很复杂，其主要成分为酒精和水，一般来说，乙醇含量越高，酒度越烈，对人体越不利。饮适量的白酒，可缓和忧虑和紧张心理；有失眠症者睡前饮少量白酒，有利于睡眠。但过量饮用白酒，对身体的危害很大。

正确饮用量： 度数较高的白酒每日最好不要超过 100 毫升；度数较低的不要超过 150 毫升。

葡萄酒：200毫升为宜

葡萄酒也是一种低度酒，酒精度一般在 12 度左右，同时维生素含量很丰富。每天喝 200 毫升红葡萄酒能降低血液黏稠度，降低血栓形成几率。

正确饮用量： 以 200 毫升为宜，最多不要超过 300 毫升。

宿醉难忍，什么食材可解酒？

小酌怡情，过量伤身。过量饮酒容易导致头痛、眩晕等多种不适症状。下面总结出了一些解酒的食材。

豆腐：饮酒时宜多以豆腐类菜肴做下酒菜，因为豆腐中的半胱氨酸能分解乙醇，促进其迅速排出。

白萝卜：饮酒后取白萝卜1千克，捣成泥取汁，一次服下。也可在白萝卜汁中加红糖适量饮服。

黄豆芽：用黄豆芽做成的汤口感非常清爽，原料简单，做法也很简单，是韩国家庭常用的解酒汤。

食醋：食醋解酒的原理之一是酒中的乙醇与醋中的有机酸起酯化反应，从而降低人体内乙醇的浓度。

豌豆苗：用豌豆苗做成的解酒汤有解酒的功效。将适量的豌豆苗洗净，沥干水分后备用；中火烧热炒锅并加入少量的油，将豌豆苗放入锅中略为翻炒，倒入凉水，大火烧沸后调入适量的盐即可。

鸡蛋：鸡蛋中富含半胱氨酸，具有解毒作用。《内科医学档案》杂志刊登的一项研究认为，鸡蛋中丰富的B族维生素可缓解宿醉。

香蕉：饮酒过量之后小便更多，身体细胞会缺水，血钾水平降低，进而容易导致肌肉乏力、血压升高等现象。这时吃1根香蕉可以补充钾，增加血糖浓度，降低酒精在血液中的比例。

果汁：肝脏负责分解酒精，还能保持血糖稳定。血糖是大脑活动的主要能量来源，过度饮酒会导致血糖偏低，引起疲倦、乏力、情绪低落。此时喝一杯果汁可补充糖分，减轻醉酒后头痛等不适感，如果喝的是番茄汁，其中所含的番茄红素还具有抗炎作用。

口味：清鲜　时间：6分钟　难易度：★☆☆

菜单

凉拌豌豆苗

准备材料

豌豆苗························200 克

鸡蛋······························1 个

蒜末··························20 克

熟白芝麻·····················10 克

准备调料

盐······························2 克

白糖···························2 克

米醋·························3 毫升

香油·························5 毫升

辣椒油·····················3 毫升

食用油······················15 毫升

制作步骤

1. 将豌豆苗洗净，切去根。

2. 鸡蛋打入碗中，用筷子搅拌均匀。

3. 蒜末装碗，加入米醋、盐。

4. 再加入白糖、香油、辣椒油，拌匀调成料汁，待用。

5. 锅中注入适量清水，下入豌豆苗，焯水至刚刚变软，捞出过凉水，沥干后装碗。

6. 煎锅中加入食用油烧热，倒入拌好的蛋液煎成蛋皮。

7. 将煎好的蛋皮切成丝，放入装豌豆苗的碗中。

8. 再加入拌好的料汁，撒上熟白芝麻，搅拌均匀，装盘即可。

 温馨叮咛 　　豌豆苗的口感很重要，焯水的时间要控制好，一般在 10 秒以内即可。

小葱拌豆腐

准备材料

南豆腐·····················180克

葱花························8克

准备调料

盐·····················2克

芝麻油·················5毫升

鸡粉·····················3克

制作步骤

1. 将备好的豆腐洗净，切成大小一致的小块。

2. 锅中注入适量清水烧开，倒入切好的豆腐块。

3. 加入1克盐，煮约2分钟至豆腐熟透。

4. 将焯好水的豆腐捞出装入碗中。

5. 加入葱花，放入剩余的盐。

6. 加入芝麻油 、鸡粉，搅拌均匀即可。

温馨
叮咛

在豆腐拌好之后淋上一点烧热的芝麻油，能够把香葱的味道逼入到豆腐之中。

口味：清淡　时间：4分钟　难易度：★☆☆

凉拌海蜇丝

准备材料

海蜇皮·······················200 克

黄瓜································1 根

胡萝卜·····························1 根

蒜末································8 克

准备调料

盐·································2 克

米醋·····························5 毫升

香油·····························5 毫升

温馨
叮咛

　　海蜇丝在焯烫时时间不要过长，否则口感会变得很硬。

制作步骤

1. 将海蜇皮浸入凉水中，加入少许盐，用手轻轻搓洗，再用清水冲净，沥干水分，切成丝。

2. 将洗净的黄瓜去皮，再切成细丝，待用。

3. 将洗净的胡萝卜去皮，再切成细丝，待用。

4. 锅中注入适量清水烧开，倒入海蜇丝焯水约 15 秒钟，捞出，过凉水，沥干待用。

5. 将海蜇丝装入碗中，倒入黄瓜丝、胡萝卜丝、蒜末。

6. 加入盐，淋入米醋、香油，搅拌均匀，装入碗中即可。

白灼菜心

准备材料

菜心·····················300 克

葱花······················8 克

朝天椒····················15 克

准备调料

盐·······················2 克

蚝油······················2 克

食用油·····················15 毫升

温馨叮咛

菜心容易生菜虫，在清洗时用盐水浸泡 10 分钟，既可以去除残留农药，又可以洗净菜虫。

制作步骤

1. 将菜心洗净，沥干水分，再切去根部，待用。

2. 将朝天椒洗净，切成圈。

3. 锅中注入适量清水烧开，倒入菜心，焯水至变软，捞出沥干，待用。

4. 另起油锅，爆香葱花、朝天椒。

5. 加入适量盐、蚝油，炒出香味，制成酱汁。

6. 将菜心摆入盘中，再浇上酱汁即可。

口味：清鲜　时间：6分钟　难易度：★☆☆

上汤娃娃菜

准备材料

娃娃菜·······················1 棵

皮蛋·······················1 个

红椒·······················15 克

小葱段·····················10 克

大蒜·······················5 克

高汤·······················500 毫升

准备调料

盐·························2 克

水淀粉·····················5 毫升

食用油·····················10 毫升

制作步骤

1. 将娃娃菜洗净,切成块。

2. 将皮蛋去壳,切成小丁。

3. 将红椒切成菱形块。

4. 锅中注入少许油烧热,放入两颗大蒜爆香,再加入适量
   高汤烧热。

5. 锅中放入切好的娃娃菜,煮至变软。

6. 倒入切好的皮蛋、红椒,撒上小葱段。

7. 淋入适量水淀粉勾芡。

8. 加入少许盐拌匀,煮至入味,盛出装碗即可。

温馨叮咛 　　高汤有一定的咸味和鲜味,所以后面烹调时可以少放一些盐或咸味调味料。

韩式黄豆芽汤

准备材料

黄豆芽·····················80 克

韩式辣白菜···········30 克

大蒜末·····················5 克

大葱·····················20 克

高汤·····················500 毫升

准备调料

盐·····················2 克

胡椒粉·····················3 克

制作步骤

1. 将黄豆芽用水浸泡片刻，捞出沥干后切去须根。

2. 将大葱切成段。

3. 锅中倒入高汤烧开，放入备好的黄豆芽。

4. 放入大蒜末、大葱段，煮一会儿。

5. 加入韩式辣白菜，搅拌均匀。

6. 加入盐、胡椒粉，煮至入味，盛出装碗即可。

温馨叮咛

可在成品上淋入少许芝麻油，味道更佳。

白萝卜肉片汤

准备材料

猪瘦肉·······················200 克

白萝卜·······················200 克

葱花·····························5 克

姜片·····························5 克

准备调料

盐·······························2 克

料酒·····························5 毫升

食用油·························15 毫升

温馨叮咛

白萝卜用猪油炒一下会更好吃，汤喝着也比较鲜。

制作步骤

1. 将猪瘦肉洗净，切成片，加入少许料酒腌渍一会儿。

2. 将白萝卜洗净去皮，切成与肉片大小差不多的片。

3. 热锅注入少许食用油烧热，放入姜片、白萝卜片，翻炒一会儿，加入适量清水。

4. 煮至沸腾，再倒入腌渍好的肉片。

5. 大火继续煮约2分钟至肉熟软，调入盐，煮至入味后盛出，撒上少许葱花即可。

口味：清鲜　时间：15分钟　难易度：★☆☆

奶白蛤蜊汤

准备材料

蛤蜊·····················300 克

米酒·····················150 克

姜片·····················5 克

准备调料

白糖·····················2 克

浸泡蛤蜊时可以加入少许芝麻油，能够促进吐沙。

制作步骤

1. 蛤蜊提前用清水浸泡数小时，至吐净沙子。

2. 净锅注入水烧开，放入姜片、蛤蜊，煮至蛤蜊壳开后捞出，用清水洗净，待用。

3. 另起锅注入适量米酒，大火煮至沸腾。

4. 转小火，倒入蛤蜊煮至蛤蜊肉熟软。

5. 加入少许白糖，煮至入味，盛入碗中即可。

口味：清鲜　时间：8分钟　难易度：★☆☆

冬瓜鲜虾汤

准备材料

生菜·················300 克

鲜虾·················10 只

冬瓜·················100 克

姜末···················5 克

葱花···················5 克

蒜末···················5 克

准备调料

盐······················2 克

料酒·················2 毫升

食用油·············15 毫升

温馨叮咛

煮汤时最后可加入适量白胡椒粉，味道更佳。

制作步骤

1. 将虾洗净开背，取出虾线，再冲洗干净；冬瓜洗净去皮，切成片；生菜叶洗净，待用。

2. 将虾放入碗中，加入少许盐、料酒腌渍一会儿。

3. 热锅注入少许食用油，加入蒜末、姜末爆香，捞出。

4. 再倒入冬瓜片煸炒一会儿，注入适量清水煮至沸，倒入鲜虾，煮至虾肉变红。

5. 加入少许盐，煮至入味，盛出装碗，撒上葱花即可。